职业院校核心素养能力提升系列教材

# 职业素养
## 素养篇

主　编　孔　萍
副主编　周家荣　李永良　陈　锐　尹杰媛

同济大学 出版社
TONGJI UNIVERSITY PRESS
·上海·

## 内 容 提 要

本书是面向全体学生的基础性大学生素质教育教材,旨在帮助大学生正确理解职业核心素养,实现职业素养的提升。本书对接国际先进职业教育理念,聚焦我国职业教育改革的新动态、新方向,为办好新时代职业教育与培育新型职业人才服务。本书由六个项目组成,从道德、沟通、执行、发展、管理等维度展开阐述;采用"项目—任务"式的内容设计,理论与案例有机结合,内容编排科学合理、梯度明晰。

本书既可作为高等院校的教材,也可作为企事业团体工作人员的必备参考书。

**图书在版编目(CIP)数据**

职业素养.素养篇/孔萍主编. —上海:同济大学出版社,2022.8(2025.8重印)
ISBN 978-7-5765-0320-3

Ⅰ.①职… Ⅱ.①孔… Ⅲ.①职业道德—职业教育—教材 Ⅳ.①B822.9

中国版本图书馆CIP数据核字(2022)第147623号

---

**职业院校核心素养能力提升系列教材**

**职业素养·素养篇**

主编 孔 萍

**策划编辑** 张 莉　　**责任编辑** 任学敏　　**助理编辑** 夏晗丹　　**责任校对** 徐春莲
**封面设计** 陈益平

| | |
|---|---|
| 出版发行 | 同济大学出版社　www.tongjipress.com.cn |
| | (地址:上海市四平路1239号　邮编:200092　电话:021-65985622) |
| 经　销 | 全国各地新华书店 |
| 排版制作 | 南京文脉图文设计制作有限公司 |
| 印　刷 | 苏州市古得堡数码印刷有限公司 |
| 开　本 | 787mm×1092mm　1/16 |
| 印　张 | 12.25 |
| 字　数 | 306 000 |
| 版　次 | 2022年8月第1版 |
| 印　次 | 2025年8月第6次印刷 |
| 书　号 | ISBN 978-7-5765-0320-3 |
| 定　价 | 48.00元 |

本书若有印装质量问题,请向本社发行部调换　　版权所有　侵权必究

# 前 言

2019年,国务院印发的《国家职业教育改革实施方案》明确指出"职业教育与普通教育是两种不同教育类型,具有同等重要地位",并提出了"培养高素质劳动者和技术技能人才""为促进经济社会发展和提高国家竞争力提供优质人才资源支撑"等一系列总体要求与目标,充分显示出国家职业技能人才培养模式的转变。

作为《国家职业教育改革实施方案》的政策要求,职业素养越来越受到用人单位的关注。严峻的就业形势,对大学生的职业素养也提出了更高的要求。作为职业素养培养主体的大学生,应该在大学期间主动培养职业核心道德素养、职业核心沟通素养、职业核心执行素养、职业核心发展素养和职业核心管理素养,努力成长为高素质职业技能人才。

首先,要培养职业意识。大学期间,每个大学生应明确:我是一个什么样的人?我将来想做什么?我能做什么?环境能支持我做什么?着重解决一个问题,就是认识自己的个性特征,包括自己的气质、性格和能力,以及自己的个性倾向,包括兴趣、动机、需要、价值观等。据此来确定自己的发展方向和行业选择范围,明确职业发展目标。

其次,配合学校的培养任务,完成知识、技能等显性职业素养的培养。大学生应该积极配合学校的培养计划,认真完成学习任务,尽可能利用学校的教育资源,包括教师、图书馆、实验实训场所等获得知识和技能,作为将来职业需要的储备。

再次,有意识地培养职业道德、职业态度、职业作风等方面的隐性素养。隐性职业素养是大学生职业素养的核心内容。职业核心素养体现在很多方面,如独立性、责任心、敬业精神、团队意识、职业操守等。大学生应该有意识地在学校的学习和生活中主动培养独立性,学会分享、感恩,勇于承担责任。

本书在编写过程中力求做到将教材内容与生产、生活实际相结合,为办好新时代职业教育与培育新型职业人才服务。本书具有如下特色:

1. 聚焦我国职业教育改革的新动态、新方向,理论与案例有机结合。本书共由六个项目组成,分别从职业核心素养概述、职业核心道德素养、职业核心沟通素养、职业核心执行素养、职业核心发展素养以及职业核心管理素养六个维度完成对"职业核心素养"的介绍。在案例的选取与项目间的衔接上也尽力做到时效性与实用性的结合,以求能够为高素质劳动者和技术技能型人才的培养提供理论方面的支撑。

2. "项目—任务"式内容设计,便于学生理解和实践。本书每个项目包括三个任务,每个任务中设置"相关链接""拓展阅读"等模块来丰富内容。项目与任务相衔接、理论与实例相结合,由上到下、层层递进地向读者传达职业核心素养的精神内核,在促进读者理解的同时,潜移默化地帮助读者提升对职业核心素养的认识、习得更多职场交往的艺术、进一步端正职业心态,最终在日常职业生活中切实践行职业核心素养。

3. 符合技术技能人才成长规律和学生认知特点,编排科学合理、梯度明晰。本书对接国际先进职业教育理念,结合职业院校的自身特点和学生的学习现状,在编写过程中力求做到内容科学、形式新颖,所介绍的理论知识和实践方法通俗易懂。

本书既可作为高等院校的教材,也可作为企事业团体工作人员的必备参考书。由于编者水平有限,书中难免有不足之处,敬请读者批评指正。

编 者

2022 年 4 月

# 目录

前言

## 项目一　职业核心素养概述　001

  任务一　职业核心素养的基本认知……………………………………… / 003
  任务二　职业核心素养的意义价值……………………………………… / 013
  任务三　职业核心素养的提升路径……………………………………… / 018

## 项目二　职业核心道德素养　034

  任务一　忠诚——职场最重要的美德…………………………………… / 036
  任务二　诚信——为人处世最真诚的语言……………………………… / 042
  任务三　敬业——事业进步的必要阶梯………………………………… / 048

## 项目三　职业核心沟通素养　058

  任务一　规范沟通礼仪…………………………………………………… / 060
  任务二　讲究沟通艺术…………………………………………………… / 072
  任务三　提升沟通技巧…………………………………………………… / 080

## 项目四　职业核心执行素养　090

  任务一　端正执行态度,树立执行信念………………………………… / 091
  任务二　制订目标管理计划,实现精准执行…………………………… / 099
  任务三　掌握时间管理方法,提高执行效率…………………………… / 107

## 项目五　职业核心发展素养　　116

　　任务一　学会学习……………………………………………… / 118
　　任务二　吃苦抗压……………………………………………… / 130
　　任务三　敢于创新……………………………………………… / 139

## 项目六　职业核心管理素养　　149

　　任务一　学会适应职场………………………………………… / 151
　　任务二　学会自我管理………………………………………… / 162
　　任务三　进行职业生涯规划…………………………………… / 174

## 参考文献　　188

# 项目一

# 职业核心素养概述

## 项目导入

一公司招聘公关部经理,有一百多人报名应聘。最后,一名仅有中专学历的小伙子有幸被公司录取了。在一众应聘者中,该小伙子学历最低,公司为什么会录取他呢?人们感到不解。

总经理是这样解释的,他随身携带的四张人生名片,让我最后选定他:在门口蹭掉鞋底的土,进门后随手关门;当看到残疾老人时,立即起身让座;进入办公室先摘掉帽子;回答问题总是机智幽默。

请大家思考,这个小伙子携带的是哪四张名片呢?让我们一起看看。

(1)在门口蹭掉鞋底的土,进门后随手关门,这说明他是一个有"心"的人。一个有心的人,才不至于忽视人际关系细节。

(2)当看到残疾老人时,立即起身让座,这说明他是一个有"德"的人。一个有德的人,做事才能把握好分寸。

(3)进入办公室先摘掉帽子,这说明他是一个有"礼"的人。一个尊重别人的人,才能得到别人的尊重。

(4)回答问题总是机智幽默,这说明他是一个有"智"的人。一个充满智慧的人,在处理复杂的人际关系时,才能化干戈为玉帛,化腐朽为神奇。

## 启示

每个进入社会或即将进入社会的人,是否带好了人生的这四张名片呢?这四张名片就是职业核心素养在一个人身上的体现。打造好自己人生的四张名片,无论走到哪里,相信你都会成为一个受欢迎并能有所建树的人。

## 项目目标

1. 了解职业核心素养的内涵和领域,明确职业素养的基本概念和构成要素。
2. 领悟职业核心素养对个人、社会的价值意义,明晰职业素养与就业质量的关系。
3. 通过自我培养和学校培养,提升对职业核心素养意识与职业理想的融合运用的认知。

## 任务一

# 职业核心素养的基本认知

大学生的职业素养越来越成为影响一个国家、一个民族未来发展的重要因素。可以说,大学生职业素养就是一种工作状态的标准化、规范化、制度化,即在合适的时间、合适的地点,用合适的方式,说合适的话,做合适的事,使大学生的知识、技能、观念、思维、态度、心理符合职业规范和标准。具体来说,职业核心素养包括职业道德素养、职业沟通素养、职业发展素养等内容。

## 一、职业核心素养的内涵

职业核心素养,从语义学的视角进行解读,是由"职业""核心""素养"三个关键词构成的,其中,对"素养"一词的解读可以看作是把握"职业核心素养"这一概念的关键。

"素养"一词源于《汉书·李寻传》:"马不伏历(枥),不可以趋道;士不素养,不可以重国。"其意为:"马匹没有得到足够的营养,是没有力气在路上奔驰的;人不注重平日的培养是没办法使国家强盛的。"《现代汉语词典(第7版)》中对"素养"一词的释义为"平日的修养",引申意义为由实践或训练而获得的一种道德修养。结合古今释义,不难看出,"素养"一词强调人的两方面特质:一为道德,二为能力。因此,不论着眼点是"职业"还是"核心",讨论职业核心素养都离不开道德和能力。获得较广泛认可的一点是,"核心素养"(key competency)这一概念最早起源于职业教育领域,"competency"一词所指的是个体对某项工作或职业的胜任能力。因此,根据英文词义,"key competency"又可直译为"关键素养",也有学者将它译为"关键能力"。2019年1月出台的《国家职业教育改革实施方案》明确指出,"职业教育与普通教育是两种不同教育类型,具有同等重要地位"。因此,从职业教育的视角看,我们可以认为:职业教育领域所强调的"核心素养",其本质即"关键能力"。

### (一) 从核心素养领域看职业素养

#### 1. "中国学生发展核心素养"中的职业素养

教育部在2014年印发的《关于全面深化课程改革 落实立德树人根本任务的意见》中,首次提出"核心素养体系"概念。核心素养这一概念的提出,立刻引起了相关领域专家和广大教育工作者的关注。2016年9月,《中国学生发展核心素养》研究成果在北京发布,研究指出,核心素养总体框架包括文化基础、自主发展、社会参与三个主要方面,综合表现为人文底蕴、科学精神、学会学习、健康生活、责任担当、实践创新六大素养,进一步细化为十八个基本要点(表1-1)。这是我国学生发展核心素养研究取得的重大成果,必将对继续全面深化教育教学改革,全面实施素质教育产生积极而深远的意义。

表1-1  中国学生发展核心素养

| 主要方面 | 核心素养 | 基本要点 |
| --- | --- | --- |
| 文化基础 | 人文底蕴 | 人文积淀 |
| | | 人文情怀 |
| | | 审美情趣 |
| | 科学精神 | 理性思维 |
| | | 批判质疑 |
| | | 勇于探究 |
| 自主发展 | 学会学习 | 乐学善学 |
| | | 勤于反思 |
| | | 信息意识 |
| | 健康生活 | 珍爱生命 |
| | | 健全人格 |
| | | 自我管理 |
| 社会参与 | 责任担当 | 社会责任 |
| | | 国家认同 |
| | | 国际理解 |
| | 实践创新 | 劳动意识 |
| | | 问题解决 |
| | | 技术应用 |

由表1-1可知,在我国学生发展核心素养中,"社会参与"体现出了较强的职业倾向性。职业成熟①是个体"社会责任"的寄托,是"劳动意识"培养的长期有效途径和"技术应用"的践行载体。同时,在该核心素养体系下,"实践创新"同样被看作职业素养不可或缺的重要组成部分。

---

① 职业成熟:与个人年龄相应的职业行为的发展程度和水准。如果个人的职业行为发展比同年龄阶段的人表现得差,则称为职业不成熟或适应不良;反之,则称为职业早熟,正如人的生理、智力或社会行为表现一样。

## 2. 国际核心素养框架

(1) 欧盟核心素养框架

2006年,欧盟正式发布《终身学习核心素养:欧洲参考框架》(*Key Competences for Lifelong Learning: A European Reference Framework*),向各成员国推荐八项核心素养作为推进终身学习和教育与培训改革的参照框架。八项核心素养包括母语交流、数学素养与科技素养、数字化素养、外语交流、主动与创新意识、社会和公民素养、学会学习、文化意识与表达。每一素养又从知识、技能与态度三个维度进行具体描述(图1-1)。

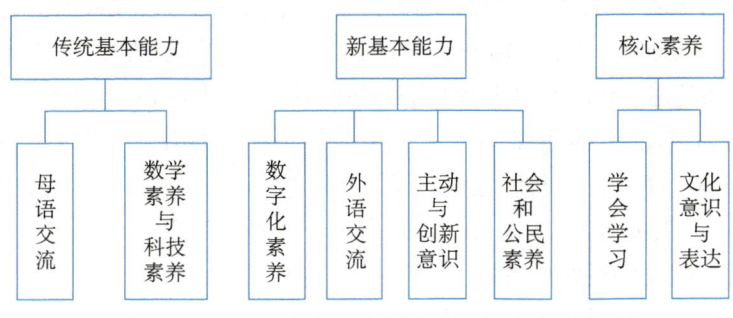

图1-1 欧盟核心素养框架

欧盟核心素养所传达的课程理念①,表现为由强调学科内基础知识和基本技能习得的分科课程,到强调学科间的互动、共同发展核心素养的课程结构的改变,以及新的整合型课程(或单元)的建立。

我们知道,欧盟的政策大多只能是建设性的建议,对成员国的约束力不那么强,那么各成员国会执行吗?欧盟建构学生核心素养框架的意义在哪里呢?

其实,欧盟的核心素养框架构筑了欧盟新教育的主轴,描绘了教育进步的共同愿景。可以说,核心素养框架使得欧盟各项教育与培训政策和计划有了统一的"顶层设计",也使各成员国教育政策的制定,特别是课程改革,有了可供参照的框架和方向,各成员国或地区可以在本国境脉下发展自己的教育并与世界发展同步。以法国义务教育阶段科学课程体系为例,法国在欧盟核心素养的基础上确立了本国的教育共同基础——七项核心素养,并在不同领域课程中加以落实。如"数学素养与科技素养"的实现,是将其作为数学、物理、生物、化学以及技术教育等科目的共同任务,在课程结构设计中,以"不同科学内容向共同素养目标努力"为导向,强调各个学科要将"科学探究"作为研究方法和学科思想落实在各个科目教学之中,并将信息技术作为基本的科学探究工具。

---

① 课程理念:对认识的集中体现,同时也是人们对教学活动的看法和持有的基本的态度和观念,是人们从事教学活动的信念。

(2) OECD 核心素养框架

世界经济合作与发展组织(OECD)对教育越来越关注。除了用一场 PISA 测试[①]"赚足"全球眼光外,OECD 对核心素养也很有研究。

OECD 于 1997 年启动 21 世纪核心素养框架的研制工作。经多方研讨和论证,其项目"素养的界定与遴选:理论和概念基础"(Definition and Selection of Competencies: Theoretical and Conceptual Foundations,简称 DeSeCo)于 2002 年底形成最终版报告《成功生活和健全社会的核心素养》,并于 2005 年公布。该框架以实现个人成功生活与发展健全社会为基础,从社会心理学角度择定核心素养并定义其具体内容。OECD 核心素养框架将核心素养划分为互动地使用工具、在社会异质群体中互动和自主行动三个类别,这三个类别关注不同方面,但彼此间相互联系,共同构成核心素养的基础。该框架超越了传统意义上的知识与技能,以反思为核心,整合了各个核心素养。

OECD 认为,核心素养应该为人人所需,并在多个实用领域都具有其特殊价值。素养的选择应该考虑其在多种情境中的适用性,包括经济与社会、个人生活的多个领域,以及一些特定领域,如商业等。OECD 分别于 2009 年、2013 年与 2015 年开展了针对核心素养发展状况的后续研究。

虽然这些研究的侧重点各有不同,但是它们都紧随时代变化,关注社会中的热点问题,强调 21 世纪的教育系统应帮助学生发展与社会进步相适应的技能和素养。OECD 学生核心素养如图 1-2 所示。

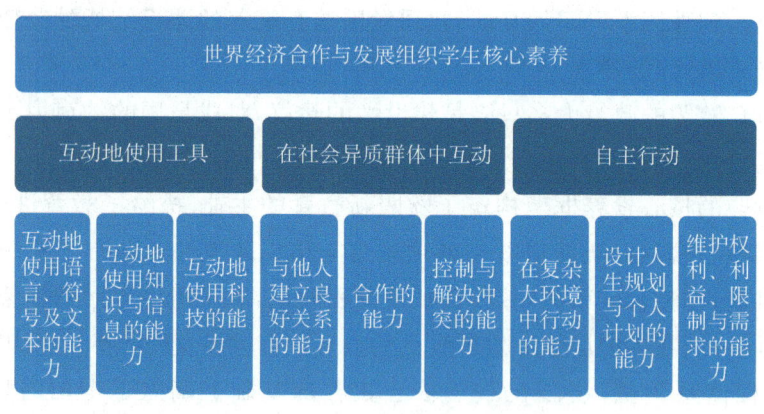

图 1-2 OECD 学生核心素养

(3) 新加坡核心素养框架

新加坡政府的核心素养框架将价值观和态度摆在十分重要的位置。在对比了 21 世纪与 20 世纪所需劳动力的特点之后,新加坡政府在 2010 年提出了建设"思考型

---

① PISA 测试:全称为 Programme for International Student Assessment,是一个国际学生评估项目,用于测试国家/地区层面的基础教育总体水平。

学校和学习型国家"的愿景,并提出四个理想的教育成果,即培养充满自信的人、能主动学习的人、积极奉献的人、心系祖国的公民。

新加坡核心素养框架由内到外共由三部分内容组成,即核心价值、社交与情绪管理技能和新 21 世纪技能(图 1-3)。

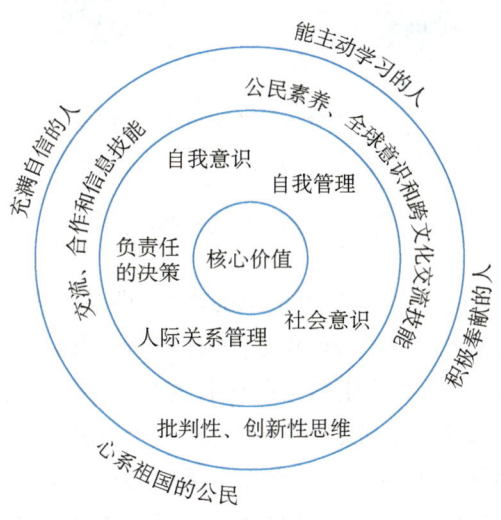

**图 1-3  新加坡核心素养**

核心价值处于框架的中心,包括尊重、诚信、关爱、抗逆、和谐、负责,这是素养框架的核心与决定性因素,决定了培养什么样的社交及情商能力。社交及情商能力包括自我意识、自我管理、自我决策、社会意识和人际关系管理。核心素养通过对社交及情商能力的影响进而决定需要培养学生哪些新 21 世纪技能。新加坡政府设置的 21 世纪技能包括三项:一是交流、合作和信息技能;二是公民素养、全球意识和跨文化交流技能;三是批判性、创新性思维。其中,交流、合作和信息技能包括开放、信息管理、负责任地使用信息、有效地交流;公民素养、全球意识和跨文化交流技能包括活跃的社区生活、国际与文化认同、全球意识、跨文化的敏感性和意识;批判性、创新性思维包括合理的推理与决策、反思性思维、好奇心与创造力、处理复杂性和模糊性。

新加坡政府希望学校的所有教学都能够通过这样三部分的核心素养环环相扣,最终达到实现新加坡政府提出的四个理想的教育成果的目的。

(4) 美国核心素养框架

美国的核心素养框架完整地融入国家中小学课程设计中。

2002 年美国正式启动 21 世纪核心技能研究项目,创建美国 21 世纪技能联盟(Partnership for 21st Century Skills,简称 P21),努力探寻那些可以让学生在 21 世纪获得成功的技能,并建立起 21 世纪技能框架体系,在世界范围内产生了广泛影响。美国 P21 框架的核心技能、与之配套的课程以及支持系统之间的相互关系以图呈现(图 1-4)。

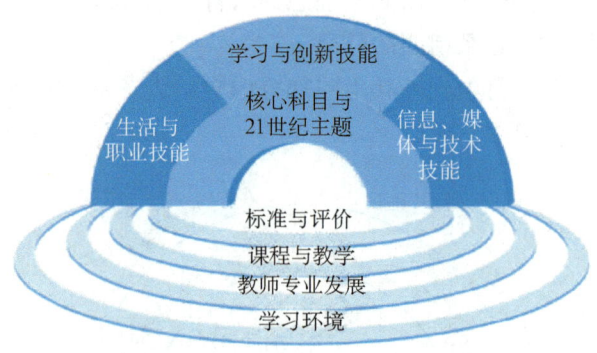

图 1-4 美国核心素养框架

图中上方部分的外环呈现学生学习结果的内容,即核心素养,主要包括学习与创新技能(创造力与创新、批判思维与问题解决、交流沟通与合作),信息、媒体与技术技能(信息素养、媒体素养、ICT 素养),生活与职业技能(灵活性与适应性、主动性与自我导向、社会与跨文化素养、效率与责任、领导与负责)三个方面。

上述三方面主要描述学生在未来工作和生活中必须掌握的技能、知识和专业智能,是内容知识、具体技能、专业智能与素养的融合。每一项核心素养的落实都依赖于基于素养的"核心科目与 21 世纪主题"的学习,即图的内环部分;图中的底座部分呈现的四个支持系统,包括 21 世纪核心素养的标准与评价、课程与教学、教师专业发展以及学习环境,它们构成了保证 21 世纪核心素养框架实施的基础。

值得一提的是,这个框架还有两个重要特点:一是体现素养教育过程与结果的结合;二是重视支持系统在 21 世纪学习框架中的作用。

### (二) 从职业素养领域看核心素养

#### 1. 关键能力

关键能力可以被视为职业教育领域的"核心素养"。这一概念源于德国职业教育领域,20 世纪 70 年代首次被德国社会教育学家梅腾斯(D. Mertens)提出。梅腾斯认为,关键能力即指"那些与一定的专业实际技能不直接相关的知识、能力和技能,它更是在各种不同场合和职责情况下做出判断选择的能力;胜任人生生涯中不可预见的各种变化的能力"。在概念上,"关键能力"同上文的核心素养框架中提到的"学会学习"素养较为类似,具有普遍性、跨专业性和持久性。

#### 2. 职业素养

总体而言,职业素养所指的乃是作为社会从业者的个体在其职业活动中所表现出来的综合素质。这种综合素质并无绝对定义和分类,它囊括了从业者的情感、态度、价值观以及技能等诸多方面的认知和表现。本书选取以下三个较有代表性的方面,对职业素养进行详细阐述。

(1) 职业道德

职业道德既是一种具有普适性的社会道德准则，又是个人职业素养体系中不可或缺的组成部分。广义而言，职业道德是指从业者在自己的职业活动中需要恪守的行为准则，它涵盖了从业者与服务对象之间、从业者个体与群体之间以及社会不同职业之间的关系。狭义而言，职业道德指的则是个体在特定职业活动中需要恪守的行为准则与道德规范。《礼记·学记》有言："一年视离经辨志，三年视敬业乐群。"职业道德能够反映出个体对工作或职业的责任感，也是一个人自身素养的良好体现。

我国社会主义核心价值观中的"敬业"一词，即彰显出公民应具备的基本职业道德规范。敬业是对公民职业行为准则的价值评价，它要求公民忠于职守、克己奉公、服务人民、服务社会，充分体现了社会主义职业精神。

(2) 职业价值观

人的职业价值观建立在其完整的价值观之上。职业价值观指个体的人生目标或人生态度在职业方面的具体表现。职业价值观没有固定的内容，但是可以反映一个人是否具有爱岗敬业、吃苦耐劳、团队合作精神以及责任意识等品质，可以从侧面表现出一个人具有怎样的职业价值观。

职业价值观很大程度上与个体的职业兴趣密切相关。美国职业指导专家约翰·霍兰德(J. Holland)结合自身大量的职业咨询经验，编制出一套职业偏好量表(vocational preference inventory)并应用于实践，修订后补充为自我导向搜寻表(self-directed search)，又译为"兴趣自测量表"。霍兰德的测评量表开拓了职业兴趣测评这一全新的研究和应用领域，并成为后来诸多心理学家建构和修订类似量表的重要参照。

(3) 职业能力

有学者指出，"职业能力"(professional competence)这一概念最早由德国职业教育家罗特(H. Roth)提出，他将职业能力分为自我能力、专业能力、方法能力和社会能力。在此基础上，后续又有不同的学者从不同角度对职业能力进行界定与分类，但总体而言没有脱离罗特对职业能力的界定范畴，大都是在其基础上进行细化与完善。

综合以上有关职业素养的论述可以看出，不论是在相关职业素养框架的内容表述中，还是在职业素养的具体内容上，职业素养均基于人的基本素养。可以说，个体的职业素养首先建立在其自身的综合素养之上，因为每个人都是先经历了生理上的成长，后获取社会中的职业，因此，个人的世界观、人生观和价值观会自然而然地反映在其对职业的认识和态度中。而职业素养又会潜移默化地影响甚至改变个体的综合素养，促使一个人逐渐成长与成熟。

### (三) 职业核心素养基本概念

有学者对"职业核心素养"的概念做出了较为细致的考量：职业核心素养乃是职业院校学生以及社会职业从业者在其职业生涯中，从事任何行业、任何职业工作岗位均不可缺少的，是除岗位专业知识、技能和能力素养以外最基本、最关键的职业意识、职业精神、职业态度（职业人格）和职业能力等基本职业素养的集合。它与岗位专业技能无关，也可被称为"职业关键素养"或"职业通用素养"。

从学术界的视角看待职业素养，其更偏向职业意识、职业道德、职业技能或职业行为习惯等职业方面的素养；而从职业教育的视角对核心素养进行解读，其则更偏向道德素养、专业素养、合作素养或创新素养等大众追求的共同社会价值取向。

## 二、职业核心素养的构成要素

### （一）职业理想与信念

理想是个体前进的方向，是心中的目标。人生发展的目标通过职业理想来确立，并最终通过职业理想来实现。俄国文学巨匠列夫·托尔斯泰曾说："理想是指路明灯。没有理想，就没有坚定的方向；没有方向，就没有生活。"因此，有了明确的、切合实际的职业理想，再经过努力奋斗，人生发展目标才会实现。

职业信念是指个体确信，并愿意作为自身行动指南的认识或看法。职业认识常变，而职业信念一旦形成则很难改变。不论给自己什么职业定位，在选择进入新行业后遇到再多、再大的困难和挫折，都要坚定信念走下去。

### （二）职业道德与人格

战国末期思想家荀况在《劝学》中说："积土成山，风雨兴焉；积水成渊，蛟龙生焉；积善成德，而神明自得，圣心备焉。故不积跬步，无以至千里；不积小流，无以成江海。"高尚的道德人格和道德品质的养成，不是一蹴而就的，它是一个长期的积累过程。个人的人格魅力体现在职业道德修养上，而这些修养通常体现在细节上。行为养成习惯，习惯形成品质，品质决定魅力。从身边的事做起，从细微处着手，学会识大体、拘小节，从自己的一言一行开始，努力提高个人综合素质，营造和谐环境，这才是展示个人人格魅力的主要途径。

职业道德是人格的一面镜子，这是因为职业道德品质能反映一个人的整体道德素质，职业道德的提高有利于人的思想道德素质的全面提高，提高职业道德水平是人格升华最重要的途径。一个有较高职业道德修养的人更容易在人群中脱颖而出，他/她的人格魅力往往也会得到社会的公认。这样的人物在当代中国并不少见。

感动中国 2011 年度人物、中国科学院院士、中国肝胆外科之父吴孟超，从医 70 余年来，全身心地投入医疗卫生事业，始终把献身医学科学作为人生理想，创立了我国肝胆外科的学科体系，先后取得 30 多项重大医学成果，主刀完成包括我国第一例中肝叶切除术在内的 14 000 多次肝手术，先后获得国家和军队科技进步奖 21 项，荣获

2005年度国家最高科学技术奖。他救死扶伤,年近九旬仍亲自上台手术,践行着一名医务工作者的仁爱情怀,被患者誉为"白求恩式的好大夫"。他胸怀宽广,甘为人梯,共培养出250多名肝胆外科优秀人才。

### (三)职业行为习惯

如果说职业道德与人格和个体原有的综合素养密切相关,那么职业行为习惯的养成则依赖于特定的职业环境。职业行为习惯的形成大多是潜移默化的。如服装设计师在生活中对他人的穿衣打扮更加敏感,牙医对陌生人的牙齿状况往往更为关注,等等。特定的职业行为习惯一旦养成,很大程度上会成为个体独具特色的职业生涯标志,大多难以改变。职业行为习惯同样有好恶之分。因此,从业者在从业初始阶段有意识地养成良好的职业行为习惯,对其后续的职业生涯发展将大有裨益。

### (四)职业关键能力

职业关键能力同上文所介绍的"关键能力"并无本质上的区别,若要进行更为细致的划分,则大致可分为一般职业能力、专门职业能力与综合职业能力三大类别。其中,一般职业能力主要包含一般学习能力、语言表达能力、社会交往能力、团队协作能力以及判断能力等;专门职业能力则主要包含某一职业所必需的、具有较强指向性的能力,它是企业在进行人才招聘时最为看重的一部分;综合职业能力在内容上同"关键能力"较为一致,它主要指跨职业的分析问题、解决问题的能力,这更偏向一种横向能力,可以帮助个体较快地适应不同职业间的切换。

**拓展阅读**

#### 我在故宫修文物,一生只为一事来

故宫博物院里有一群人,他们是古书画的"医生",每天和珍贵的古书画打交道,通过"望闻问切",让珍贵的古代书画作品的生命得以延续。他们精湛的手工技艺通过师徒的方式代代相传,至今已有两千多年的历史。他们是我国顶级书画修复师,修复着我国的珍贵文物。

历史上有名的《五牛图》《弘历鉴古图》《乾隆万寿图》都是靠一双双"补天之手"涅槃重生的。今天我们就来认识一位精心守护故宫文物38年的书画修复师单嘉玖。

**呕心沥血,双手力成百年功**

59岁的单嘉玖在书画修复这个岗位上已经工作了38年。经她手修复的古画有近两百件,每件古画的修复需要复杂的工序和漫长的周期,耗时最长的需要一年,最短的也要三个月。

古书画分四层,一层画心、一层托心纸、两层背纸。最难的是"揭"的环节,也就是将

最薄的那一层宣纸画心分离出来。揭下来的画心通常只有0.09毫米,薄如蝉翼。修复师既要揭得干干净净,又不能使画心受到丝毫损伤。揭画心的手法是"搓",把附着画心的那层托心纸一点点搓下来。

由于是在古画完全浸湿的情况下"揭画心",手指力道的拿捏变得十分关键,"搓"的力道大了,则会对古画造成不可逆的二次损坏。一位修画师需要经过多年的训练,上万次的反复练习,才能最终拿捏出这"搓"的手感和力道。

### 鞠躬尽瘁,以画为本赤诚心

单嘉玖曾修复过一件明代绢本《双鹤群禽图》,主要问题是画面上有许多虫蛀破洞。本来面对密集的小洞,可以用整幅绢托在画作后面,一下把所有的洞都补上,但是百年以后托补的这片整绢也会糟朽,就会和古人的画作粘连在一起而无法分离,后人也就再也没办法修复这张画了。为了古画生命延续得更长,单嘉玖选择一个洞一个洞地单个织补。

就这样,她埋头补了四个多月,才将几百个小洞一一补好。

### 恪守家规,两袖清风护国宝

单家两代人与故宫结缘,她的父亲单士元曾任故宫博物院副院长,十七岁进入故宫,在那风雨飘摇的战争年代用生命保护着文物。直到九十一岁辞世,单士元一生没有离开过故宫。

单士元给子女们定下了家规:"搞文物不玩文物"。他要求从事文物工作的子女不许收藏、交易文物。他认为如果自己玩文物,在工作中接触珍贵文物的时候就会产生私心。

父亲的教诲单嘉玖始终不敢忘。甘守清贫的她没有染指过文玩市场,三十多年来她在故宫这个小院落里,始终如一地静心修复着每一件国宝文物。

### 情怀千古,仁心匠德传后人

单嘉玖的徒弟喻理是中央美院的研究生,跟着单老师工作已经两年半了。喻理说,自己最大的收获不是技术,而是深切体会到了老师傅们对文物的那种敬畏之心。干了38年的单嘉玖如今依旧是小心翼翼。

这两年,故宫正在进行史上最大的大修工程。每间殿宇的珍宝、装饰都要进行修复,摆回原来的位置,还有上万件古书画文物等着单师傅和她的徒弟们去修补。

但是,还有一年单嘉玖就退休了,她最大的心愿就是将传统的书画修复技艺完整地传给下一代,和同事一起,将完美的紫禁城完整地交给下一个600年。

(资料来源:央视新闻,http://news.cctv.com/2016/05/02/ARTIdIx908tePgzIBXRxPqef160502.shtml)

**思考**:单嘉玖的事迹给了你怎样的启发?

# 任务二
# 职业核心素养的意义价值

## 一、培育职业核心素养的重要性

人生如树,经历播种、灌溉、剪枝、除虫、扶正才能长成参天大树,成为有用之材。如果把一个人的职业生涯比作一棵大树,形象气质、知识学历、能力经验是枝干、叶子和果实,价值观与职业核心素养则是根茎与树干,是内在精神,它能够滋养大树。

### (一) 对个人的重要性

#### 1. 培育职业核心素养为个体积累未来生活和就业的资本

学校为学生提供学习的场所,教师则起到言传身教的作用。在课堂中和课外培养学生的诸种优秀核心素养,一方面能够帮助学生成长为一个优秀的人,帮助其树立良好的三观;另一方面也为学生职业素养的形成奠定坚实的基础,从而提升个体未来的职业竞争力。职业核心素养并非一成不变的条框,而是反映在每名社会从业者身上的品德、观念和意志。学生群体的职业核心素养的培育,可以被看作每个个体未来生活和就业资本的积累。而对于已经在社会上从事某种职业的个体而言,进行职业核心素养的培育,不仅能帮助其更好地认识自己的职业、明确未来发展方向,更能帮助从业者实现职业技能、职业价值观的巩固与提升,进而实现自我的成长、进步和蜕变。

#### 2. 培育职业核心素养帮助从业者形成精神支柱

良好的职业素养包含的职业信念有:良好的职业道德,正面积极的职业心态和正确的职业价值观,这是一个成功的从业者必须具备的核心素养。良好的职业信念由爱岗、敬业、忠诚、奉献、正面、乐观、用心、开放、合作及始终如一等关键词组成,这些关键词所蕴含的内容可以成为从业者精神上的支柱,以强大的精神力量更好地解决工作中的难题,应对生活中的挑战。

敦煌研究院保护研究所前副所长李云鹤,六十年如一日地从事敦煌文物修复工作,其经手的每一块壁画都要经历除尘、注射、回贴和滚压四个连续步骤,重复仔细检查,方能最大程度地实现每一块壁画的"修旧"效果。李云鹤先生对敦煌文物充满感情,而修

复文物对他而言也早已不仅仅是一项工作,更是穷尽毕生的精神追求。修复文物成了李云鹤先生的精神支柱。

### (二) 对社会的重要性

个人职业核心素养的培育,对社会的发展而言,同样至关重要。

#### 1. 个体良好的职业核心素养是集体职业核心素养得以奠定的基石

社会不同类型的行业、企业,若要长久发展,均离不开精神文化这一内在支撑。行业、企业的核心精神文化,就是从业者群体职业核心素养的凝结与升华。个体良好的职业核心素养,是个体职业生命力的进步源泉;群体良好的职业核心素养,是行业、企业生命力的源头活水;行业、企业良好的精神文化,则是促进经济社会可持续发展、形成良性产业链循环、稳固社会文化经济秩序的必由之路。

#### 2. 个体良好的职业核心素养是社会秩序和谐的重要保障

通过在职培训、企业文化活动等诸多灵活的方式,对从业者进行职业核心素养的培养,能够较为有效地实现个体自身核心素养的提高。社会的运转离不开秩序与和谐,这种秩序与和谐基于每个独立个体的价值取向与精神意志。培养不同从业者的职业核心素养,本质上等同于对从业者的继续教育。《礼记·大学》有言:"苟日新,日日新,又日新。"勤于省身、不断革新,是个体得以不断进步发展的重要方法,而对个体进行职业核心素养的培育,是实现个体发展的重要催化剂,也是社会秩序和谐的重要保障。

## 二、培育职业核心素养的必要性

职业核心素养的培养,小到每名从业者,大到社会与国家,都是必须高度重视的。缺失或弱化对从业者职业核心素养的培养,个体的职业生涯乃至社会的发展进步均会受到一定影响。

### (一) 社会发展的诉求

人类社会正以几何式爆发的速度进步,全球范围内先后发生的三次工业革命,不仅极大地促进了社会生产力的发展,更对世界经济的未来格局产生了巨大的影响。以智能制造为主导的第四次工业革命(简称工业4.0)以工业强国德国为排头兵,引领世界范围内制造业的革新和经济发展的转型,在我国则表现为《中国制造2025》行动纲领。

《中国制造2025》为我国制造业未来十年的发展设计了顶层规划和路线蓝图。在此大背景下,为了进一步实现"中国制造"、提升国家制造业创新能力,国家对创新型技术技能人才的需求将大量增加。而现阶段,我国职业教育及培训所培养出的人才远不能满足我国经济社会发展的需求。虽然其原因是方方面面的,但复合型技术技能人才的缺失,很大程度上同我国不到位的职业教育核心素养教育密切相关。在各职业院校和行业、企业中加大职业核心素养的培育，不仅能够在一定程度上缓解我国社会急需人才空缺的压力，为"中国制造 2025"的早日实现贡献力量，而且能够赋予我国发展态势疲软的职业教育内部自信和动能，鼓励职业教育体系的更好更优发展，适应我国经济社会发展对"高素质、复合型、技能型人才"的迫切需求。

### 相关链接

创新驱动。坚持把创新摆在制造业发展全局的核心位置，完善有利于创新的制度环境，推动跨领域跨行业协同创新，突破一批重点领域关键共性技术，促进制造业数字化、网络化、智能化，走创新驱动的发展道路。

质量为先。坚持把质量作为建设制造强国的生命线，强化企业质量主体责任，加强质量技术攻关、自主品牌培育。建设法规标准体系、质量监管体系、先进质量文化，营造诚信经营的市场环境，走以质取胜的发展道路。

绿色发展。坚持把可持续发展作为建设制造强国的重要着力点，加强节能环保技术、工艺、装备推广应用，全面推行清洁生产。发展循环经济，提高资源回收利用效率，构建绿色制造体系，走生态文明的发展道路。

结构优化。坚持把结构调整作为建设制造强国的关键环节，大力发展先进制造业，改造提升传统产业，推动生产型制造向服务型制造转变。优化产业空间布局，培育一批具有核心竞争力的产业集群和企业群体，走提质增效的发展道路。

人才为本。坚持把人才作为建设制造强国的根本，建立健全科学合理的选人、用人、育人机制，加快培养制造业发展急需的专业技术人才、经营管理人才、技能人才。营造大众创业、万众创新的氛围，建设一支素质优良、结构合理的制造业人才队伍，走人才引领的发展道路。

(资料来源：《中国制造 2025》基本方针，2015 年 5 月 8 日)

### (二)《国家职业教育改革实施方案》的政策要求

2019 年 1 月发布的《国家职业教育改革实施方案》(又名"职教 20 条")，可谓新时代以来我国职业教育领域最具权威性的改革方案。《国家职业教育改革实施方案》鲜明地指出"职业教育与普通教育是两种不同教育类型，具有同等重要地位"，并提出了"培养高素质劳动者和技术技能人才""为促进经济社会发展和提高国家竞争力提供优质人才资源支撑"等一系列总体要求与目标，彰显了我国未来阶段对高素质职业技能人才的培养要求。为实现这一目标，《国家职业教育改革实施方案》进一步提出"高等职业学校要培养服务区域发展的高素质技术技能人才""完善'文化素质＋职业技能'的考试招生办法，提高生源质量""开展高质量职业培训""多措并举并打造双师型教师队伍"等方针。上述一系列措施充分显示出国家职业技能人才培养模式的转变，即在现有的量的基础上，进一步提升对职业教育质的发展要求。职业核心素养是高水平职业技能人才必备的素质能力,培育个体的职业核心素养,是《国家职业教育改革实施方案》的政策要求所在。

综上所述,一方面,培育个体乃至群体职业核心素养的必要性来自其重要性,这对个体、群体的发展和社会的进步有着不言而喻的重要价值;另一方面,职业核心素养的培育是我国制造业转型发展和国家职业教育改革政策的必然要求,它直接作用于每个作为个体的从业者,间接作用于行业企业乃至社会。

## 拓展阅读

### 健全的职业人格是提高毕业生就业质量的保证

职业人格,是指一个人在职业中具备的内在心理特征、道德品质,也就是一个人的内在品质在职业中的体现。一般而言,职业人在成功的职业生涯发展过程中,应该具备良好的人格特征。下面列出的两种特征是毕业生需要着重修炼的。

#### 1. 成人心态

成人心态包括很多内容。对于求职中的毕业生而言,成人心态的第一个表现是独立。毕业生应该意识到,自己开始脱离家长的呵护、老师的引导、家庭和学校的庇护而独立地面对社会了。因此,应该学会独立思考、独立做事、独当一面。在求职过程中,毕业生不妨做个"独行侠",无论参加招聘会、递交简历、笔试、面试还是体检,各个环节都要学会独自面对。

成人心态的第二个表现是责任。这不单是责任心的问题,而是看毕业生敢不敢、能不能、善于不善于承担责任。很多刚就业的毕业生存在推过揽功的行为,一旦出现错误,首先寻找推脱的理由,比如领导没有交代清楚、同事不配合、条件不具备、环境不允许等,总之一切与自己无关,"都是月亮惹的祸"。试想,有这种心态的职业人如何在职场上立足和发展呢?有这种心态的毕业生如何得到用人单位的青睐呢?所以,毕业生在求职就业的各个环节中,都需要表现出自己有责任心、有担当的一面。

成人心态的第三个表现是立场。一个成年人为人处世是有一定立场的,不可以随波逐流。职业人做事,既要有行事的底线,也要有不可逾越的上限。这个底线和上限是在法纪、道德的规范下形成的原则,而原则是不可以灵活的。毕业生求职的各个环节都会考验毕业生的立场,如笔试中必须独立作答而不是伺机作弊,面试中遇到类似问题要有"立场坚定"的意识,体检过程绝对不可以弄虚作假,等等。

#### 2. 森林法则

森林法则是一个比喻。森林中生活和生长着数不胜数的生物,包括食肉的猛兽、食草的野兔、高大的乔木、低矮的灌木、攀缘的老藤以及树下茂密的野草。这些生物都能够在森林中找到自己的生存空间,这是因为它们都遵循着森林法则。毕业生学习森林法则,可以学会敬畏,学会适应,学会与他人共生,从而求职成功。

首先是适应环境。个体可以适应、融入环境并潜移默化地影响环境,而不是雄心勃勃地改变环境。有的毕业生看不惯周围的一切,一心想改变环境,入职不到三个月,就有洋洋万言的建议书上陈领导。他们没有意识到,心存敬畏之心而不是试图改变环境,是森林中各种生物生存的秘诀。

其次是敬畏规则。没有规矩,不成方圆。遵章守纪、遵时守约是职业人最基本的品质。比如,在求职过程中,毕业生切记不可迟到、不可违反招聘单位的规定,坚决不能自以为是,不按规矩办事。

再次是学会相处。毕业生要学会与上司相处,学会与同事相处。曾经有这样一道面试题目:"领导向你布置了一项任务,不仅交代了完成任务的时限和要求,而且交代了完成任务的方法。但是你觉得,如果按照领导要求的去做,会给单位造成一定的损失。你会怎么做?"很多毕业生在这个题目上栽了跟头。其实这个题目所考核的就是毕业生如何与上司相处以及如何处理职业人际关系。毕业生与上司相处,首先考虑的应该是服从,而不是平起平坐地讨论问题、提意见和建议。即使不得不向领导提意见和建议,也应采取得体恰当的方式方法。

最后是摆正位置。摆正位置的前提是正确评估自己,要知道自己究竟是参天大树还是柔弱小草,切不可自命不凡、自命清高。与自命不凡相反,有些毕业生过分"谦卑",在面试中把自己描述成"弱势群体"。用人单位只会选择能适应工作的毕业生,而不会像一个慈善机构似的因为怜悯而施舍给谁一个工作。

(资料来源:韩富军,贺立萍,《现代职业素养》,北京理工大学出版社,2017年)

## 任务三
# 职业核心素养的提升路径

学生职业素养的培育应该着眼于整体,并以培育显性职业素养为基础,重点培育隐性职业素养。当然,这个培养过程不是家长、学生、学校、企业任何一方能够单独完成的,而应该大家共同协作,实现"四方共赢"。

## 一、自我培养层面

作为职业素养培育主体的大学生,在大学期间应该学会自我培养。

### (一) 培养职业意识

美国职业生涯大师雷恩·吉尔森(Ryan Jergensen)说:"一个人花在影响自己未来命运的工作选择上的精力,竟比花在购买穿了一年就会扔掉的衣服上的心思要少得多,这是一件多么奇怪的事情,尤其是当他未来的幸福和富足要全部依赖于这份工作时。"很多高中毕业生在跨入大学校门之时就认为已经完成了学习任务,可以在大学里尽情地"享受"了。这正是他们在就业时感到压力大的根源。清华大学教育研究所樊富珉教授认为,中国有69%~80%的大学生对未来职业没有规划,就业时感到有压力。中国社会调查所最近完成的一项在校大学生心理健康状况调查显示,75%的大学生认为压力主要来源于社会就业;50%的大学生对自己毕业后的发展前途感到迷茫,没有目标;41.7%的大学生表示目前没考虑太多;只有8.3%的人对自己的未来有明确的目标并且充满信心。培养职业意识就是要对自己的未来有规划。

### (二) 显性职业素养的培育

大学生应按照学校的人才培养方案,完成知识、技能等显性职业素养的培育。职业行为和职业技能等显性职业素养比较容易通过教育和培训获得。学校的教学计划及各专业的人才培养方案是针对社会需要和专业培养所制订的,旨在使学生获得系统化的基础知识及专业知识,加强学生对专业的认知和知识的运用,并使学生获得学习能力,养成学习习惯。因此,大学生应该按照学校的人才培养方案,认真完成学习任务,尽可能利用学校的教育资源,包括教师、图书馆、实验实训场所等获得知识和技能,为将来求职做必要储备。

### (三) 隐性职业素养的培育

有意识地培育职业道德、职业态度、职业作风等隐性职业素养是大学生职业素养培育的核心内容。职业核心素养体现在很多方面,如独立性、责任心、敬业精神、团队意识、职业操守等。事实表明,很多大学生在这些方面存在不足。有记者调查发现,缺乏独立性、会抢风头、不愿下基层吃苦等表现容易断送大学生的前程;而喜欢抢风头的人往往被认为没有团队合作精神,用人单位也不喜欢。如今,很多大学生生长在"6+1"式的独生子女家庭,在独立性、责任承担、与人分享等方面表现都不够理想。因此,大学生应该有意识地在学校的学习和生活中主动培养独立性、学会分享感恩、勇于承担责任,不要把错误和责任都归咎于他人。自己摔倒了,要先检讨自己,寻找自己的错误和不足。

大学生要培育职业素养,应该加强自我修养,在思想、情操、意志、体魄等方面进行自我锻炼。同时,还要培养良好的心理素质,增强应对压力和挫折的能力,善于从逆境中寻找转机。

**相关链接**

#### 北京职教试点"隐性能力"培养

近日,记者从北京市教委职成处获悉,由北京市教委与德国巴登-符腾堡州教育部合作推出的胡格教育模式改革试验班实验正在进行。再过两个学期,北京将培养出首批按照德国先进职业教育模式培养的高端职业人才,职业态度、团队合作等"隐性能力"强,将是这些新型职业人才的特色。

发源于德国巴登-符腾堡州的胡格教育模式,将职业教育中的非专业能力培养作为最重要的目标和内容。这些被称为职业"隐性能力"的非专业能力,包括职业态度、沟通展示、团队合作、解决问题和阅读书写五个维度。每个维度下又包含若干个能力指标,包括爱国、敬业、独立性、团队、合作、沟通、友善、阅读、理解、表达、倾听、书写、时间管理、成本控制、规范性、环保等。

北京市教委职成处处长王东江说,多年以来我国的职业教育都是重"显性能力",而胡格教育模式把人格塑造、职业素养这些决定职业人才职业生涯的"隐性能力"放到了首要位置,课堂教学的重点不再是技能的传授,而是职业素养的养成。

记者从北京交通运输职业学院了解到,进入胡格教育实验班的学生,在学习过程的不同节点,将接受学校和中德职业教育创新学习联盟联合进行的综合职业能力

测评。北京市教科院职成所自主开发编制测评任务题库,学生完成测评后将对应生成个人职业行动过程分析报告和综合职业能力诊断报告,报告将作为个性化培养的参考。

(资料来源:《中国教育报》,2017年1月13日)

## 二、学校培养层面

为了培育大学生的职业素养,高职院校应该从以下两个方面着手。

### (一)将大学生职业素养的培养纳入专业人才培养方案

专业人才培养方案是对大学生从入校到毕业出校期间进行系统化培养的实施方案,包括课程设计、课外活动设计、实践教学等。从学生进入大学校门的那一天起,学校就必须按照人才培养方案的设计要求严格执行,有针对性地实施教育培养,使学生明白高校与社会的关系、学习与职业的关系、自己与职业的关系。学校要全面培养大学生的显性职业素养和隐性职业素养,并把隐性职业素养作为重点进行培养。

### (二)成立相关的职能部门助力大学生职业素养的培育

以就业指导部门为基础成立大学生职业发展中心,并开设相应的课程,及时向大学生提供职业教育和实际的职业指导,帮助学生树立正确的世界观、人生观和价值观,养成良好的学习和生活理念,帮助学生认识社会、观察社会,并结合学生自身的实际情况,初步形成正确的职业意识和理性的从业观念,最好是配合提供相关的社会资源。另外,深入了解学生需求,改进教学方法,提升大学生对专业学习的兴趣,满足学生对本专业各门课程的求知需求。

在课堂教学中,尤其是在专业学科教育中加强引导。专业课的学习直接影响学生将来的就业或进一步从事的研究工作。新生如果能懂得专业课的重要性,就可以在未来四年的大学学习中做到有的放矢,通过专业课逐步了解并热爱自己的专业,养成好学上进的优良品质,最终形成良好的职业素养,为未来工作奠定坚实的基础。

指导学生职业生涯规划,培养学生的职业理想。职业生涯规划是指在对一个人职业生涯的主客观条件进行分析、总结研究的基础上,结合时代特点,根据自己的职业倾向,确定职业奋斗目标,并为实现这一目标做出行之有效的安排。美国学者戴维·坎贝尔(David Campbell)说过,目标之所以有用,是因为它能帮助我们从现在走向未来。职业生涯规划的目的就是要对自己的未来有规划。职业规划的过程,也是认识自我、分析自我、要求自我的过程。学生根据自身的个性进行职业生涯规划,明确职业发展目标,规划未来,为自己选择一条真正适合自己的事业发展道路,最终实现职业理想。

积极开展第二课堂,强化学生的职业意识。学校要积极为大学生创造课外学习和锻炼的机会,安排具备实际社会工作经验的实习指导教师对学生进行职业层面的指导,逐步培育学生良好的职业修养和职业素质。要通过开展公益活动、社会调查、社会服务、勤工助学等方式,增强大学生的社会责任感和使命感,培养艰苦奋斗、吃苦耐劳和自强自立的意识,为学生自觉树立良好的职业道德意识打下基础。在参与社会实践活动时,要让学生在工作中学会交往、学会包容、学会竞争和合作。通过严格管理,有效规范学生的行为,使学生强化时间观念,养成遵规守纪的良好习惯。通过习惯养成,把职业规范内化为自身的道德素养,转化为工作中的实际行动。

## 三、社会资源参与大学生职业素养的培育

大学生职业素养的培育不能仅仅依靠学校和学生本身,社会资源的支持也很重要。企业逐渐认识到,要想获得职业素养较好的大学毕业生,企业也应该参与到大学生的培养中来。企业可以通过以下方式参与大学生培养:

(1)企业与学校联合培养,提供实习基地以及科研实验基地。
(2)企业家、专业人士走进高校,直接教授实践知识、宣传企业文化。
(3)完善社会培训机制,进入高校对大学生进行专业的入职培训以及职业素质拓展训练等。

总之,社会的进步和高速发展对劳动者的职业素养提出了越来越高的要求。大学生职业素养的培育是目前高等教育的重要任务之一,而这一任务需要家长、学生、高校及社会四个方面的协同配合才能有效完成。大学生这一特殊群体要在社会和高校的合力培养下,严格要求自己,充分发挥自身的主观能动性,努力提高职业素养,提升就业竞争力,较快地适应职业岗位的要求,进而实现"就业—职业—事业"的转变,成长为新世纪的合格人才,为社会发展做出更大的贡献。

**拓展阅读**

### 增强职业意识　提升人才情商

浙江建设职业技术学院党委书记、研究员　徐公芳

当前社会上有一个很突出的"两张皮"现象:一方面是大学毕业生就业难;另一方面是企业高技能人才严重短缺。解决这个矛盾,就要增强高职院校学生的职业意识,通过多种教育渠道,提升他们的情商。这就要求高职院校从社会需求出发,加快构建以培养"上岗能力、迁移能力、个性发展能力"为目标,以"职业素养、知识结构、职业能力"为要素的高技能人才培养模式,培养高素质的职业人、合格的社会公民。这是帮助大学毕业生实现"个人梦",进而为"中国梦"做出贡献的现实路径。

为此,这些年来我们始终着眼于培养学生的职业能力,对学生情商的培育和提升,进行了积极探索,并取得了可喜的成果。

**构建职业意识和情商培养的载体。**

构建系统的职业素质课程体系。实施职业素质基本课程,以增强素质教育的全面性、系统性、针对性。实施职业素质拓展课程,坚持科学与人文素质教育并重,本着"学以致用、服务社会、锻炼自我、提高素质"的宗旨,按照"大型活动届次化、精品化,中型活动系部化、特色化,小型活动社团化、经常化,品牌活动班级化、普及化"的活动思路,提高学生的综合职业素质。开展职业素质实践和职场文化教育课程,使学生珍惜和忠实于自己的职业,树立职业自豪感和责任感,立足本职工作,增强扎扎实实为社会做贡献的敬业与和谐精神。

在专业教育中渗透职业意识和情商教育。在专业知识教育课堂中,注意有机地渗透情感、心理品质的培养和教育。引导学生了解科学发现和发明的历史以及科学家奋斗的故事。在学习专业课程中引导学生回味科学的美,引导学生掌握科学的思维方法。在实验、实训课中培养学生经受挫折、百折不挠的顽强毅力和团队精神。

开展丰富多彩的大学生主题活动。如开展技能节、科技创新节、文化艺术节、心育文化节、公寓文化节、新生活动月、读书活动月、志愿服务月、社团文化月、建筑文化宣传周、心理健康宣传周、科普宣传周等,培养学生的服务意识、创新意识、学习意识、主动参与意识、协调能力和团队合作精神。

精心培育校园文化品牌。多年来我们致力于建设鲁班文化、心育教育系列、定向体育文化等省级校园文化品牌,借以培育学生吃苦耐劳、勇于实践、锲而不舍、敬业创新的精神;帮助学生树立正确的自我意识、良好的性格特征,使学生养成乐观稳定的良好心理习惯;培养学生独立分析解决问题的能力和良好判断、迅速反应、果断行动以及逻辑思维能力;培养公平竞争、团结协作的道德风尚,使他们成为具有健全人格的德智体全面发展的大学生。

**建立职业意识和情商培养的阵地,将校园文化和企业文化相融合。**

通过成立素质拓展中心、建立学生创业园区、设立仿真实训基地等,借鉴和吸纳优秀企业的价值观、经营理念、企业精神,把创新意识、诚信观念、竞争意识、质量意识、效率意识、服务理念以及敬业创业精神渗透到学生培养的全过程,将校园文化和企业文化有机融合,使学校的培养理念与企业文化观念有机结合;打破以往单纯灌输的模式,让学生切身感受企业的经营理念和行为方式,从而缩短职业院校课程与社会工作的距离,最终落实培养企业所需的应用型高职人才这一根本目标。

**实践实训的教学和职业意识养成与情商培养相结合。**

职业意识是职业人在一定的职业环境和实践活动中逐步形成的,以职业技能培养作为职业意识教育的载体。在实践实训的过程中,首先,引导学生提高职业道德素养。如敬业爱岗、诚实守信、吃苦耐劳、团结协作、精益求精、开拓创新、遵纪守法、严谨自律、安全意识、服务意识、奉献精神等,学生只有在"职场"环境中才能切身体会到什么是职业道德,使他们把职业道德规范变成习惯,并内化为自身的道德修养。其次,引导学生养成良好的职业行为习惯和职业意识。如规范意识和标准意识,形成严格遵守操作规范和工作标准的良好行为习惯。树立安全意识,掌握安全常识和技巧,等等。再次,注意培养学生正确的职业价值观。最后,注意培养学生的集体主义和团结协作精神。

(资料来源:《浙江日报》,2013 年 5 月 30 日)

## 项目训练

### 霍兰德职业兴趣自测量表及答案对照表

本测验量表将帮助你发现和确定自己的职业兴趣和能力特长,从而更好地做出求职择业的决策。如果你已经考虑好或选择好了自己的职业,本测验将使你的这种考虑或选择具有理论基础,或向你展示其他合适的职业;如果你至今尚未确定职业方向,本测验将帮助你根据自己的情况选择一个恰当的职业目标。

本测验共有七个部分,每部分测验都没有时间限制,但请你尽快按要求完成。

### 第 1 部分　你心目中的理想职业(专业)

对于未来的职业(或升学进修的专业)你也许早有考虑,它可能很抽象、很朦胧,也可能很具体、很清晰。不管是哪种情况,现在都请你把你最想干的三种工作或最想读的三个专业,按顺序写下来。

1. _____。
2. _____。
3. _____。

好,第 1 部分已完成。现在请继续做第 2 部分。

### 第 2 部分　你所感兴趣的活动

下面列举了一些十分具体的活动。这些活动无所谓好坏,如果你喜欢去参加(包括过去、现在或将来),就请在相应题号上的"是"一栏的方框内画"√";如果不喜欢就请在"否"一栏的方框内画"√"。注意,这一部分测验主要想确定你的职业兴趣,而不是让你选择工作,你喜欢某种活动并不意味着你一定要从事这种活动。答题时不必考虑过去是否干过和是否擅长这种活动,只根据你的兴趣直接判断即可。请务必做完每一道题目。

## 一、R 型(现实型活动)

你喜欢做下列事情吗? 是 否

1. 装配修理电器。 ☐ ☐
2. 修理自行车。 ☐ ☐
3. 装修机器或机器零件。 ☐ ☐
4. 做木工活。 ☐ ☐
5. 驾驶卡车或拖拉机。 ☐ ☐
6. 开机床。 ☐ ☐
7. 开摩托车。 ☐ ☐
8. 上金属工艺课。 ☐ ☐
9. 上机械制图课。 ☐ ☐
10. 上木工手艺课。 ☐ ☐
11. 上电气自动化技术课。 ☐ ☐

## 二、I 型(调查型活动)

你喜欢做下列事情吗? 是 否

1. 阅读科技书刊。 ☐ ☐
2. 在实验室工作。 ☐ ☐
3. 研究某个科研项目。 ☐ ☐
4. 制作飞机、汽车模型。 ☐ ☐
5. 做化学实验。 ☐ ☐
6. 阅读专业性论文。 ☐ ☐
7. 解一道数学或棋艺难题。 ☐ ☐
8. 上物理课。 ☐ ☐
9. 上化学课。 ☐ ☐
10. 上几何课。 ☐ ☐
11. 上生物课。 ☐ ☐

## 三、A 型(艺术型活动)

你喜欢做下列事情吗? 是 否

1. 素描、制图或绘画。 ☐ ☐
2. 表演戏剧、小品或相声节目。 ☐ ☐
3. 设计家具或房屋。 ☐ ☐
4. 在舞台上演唱或跳舞。 ☐ ☐
5. 演奏一种乐器。 ☐ ☐
6. 阅读流行小说。 ☐ ☐
7. 听音乐会。 ☐ ☐

8. 从事摄影创作。 □ □
9. 阅读电影、电视剧本。 □ □
10. 读诗写诗。 □ □
11. 上书法、美术课。 □ □

### 四、S 型(社会型活动)

你喜欢做下列事情吗？ 是 否

1. 给朋友们写信。 □ □
2. 参加学校、单位组织的正式活动。 □ □
3. 加入某个社会团体或俱乐部。 □ □
4. 帮助别人解决困难。 □ □
5. 照看小孩。 □ □
6. 参加宴会、茶话会或联欢晚会。 □ □
7. 跳交谊舞。 □ □
8. 参加讨论会或辩论会。 □ □
9. 观看运动会或体育比赛。 □ □
10. 寻亲访友。 □ □
11. 阅读与人际交往有关的书刊。 □ □

### 五、E 型(企/事业型活动)

你喜欢做下列事情吗？ 是 否

1. 对他人做劝说工作。 □ □
2. 买东西与人讨价还价。 □ □
3. 讨论政治问题。 □ □
4. 从事个体或独立的经营活动。 □ □
5. 出席正式会议。 □ □
6. 做演讲。 □ □
7. 在社会团体中作一名理事。 □ □
8. 检查与评价别人的工作。 □ □
9. 结识名流。 □ □
10. 带领一群人去完成某项任务。 □ □
11. 参与政治活动。 □ □

### 六、C 型(常规型/传统型活动)

你喜欢做下列事情吗？ 是 否

1. 保持桌子和房间整洁。 □ □
2. 抄写文章或信件。 □ □
3. 开发票、写收据或打回条。 □ □

4. 打算盘或用计算机计算。 □ □
5. 记流水账或备忘录。 □ □
6. 上打字课或学速记法。 □ □
7. 上会计课。 □ □
8. 上商业统计课。 □ □
9. 将文件、报告、记录分类与归档。 □ □
10. 为领导写公务信函与报告。 □ □
11. 检查个人收支情况。 □ □

好，第 2 部分已完成。现在请继续做第 3 部分。

## 第 3 部分　你所擅长或胜任的活动

下面从六个方面分别列举一些十分具体的活动，以确定你具备哪一方面的工作特长。回答时，只须考虑你过去或现在对所列活动是否擅长或胜任，不必考虑你是否喜欢这种活动。如果你认为你擅长从事某一活动，就请在答题卷相应题目后的"是"一栏的方框内画"√"；如果不擅长，就请在"否"一栏的方框内画"√"。注意，如果你从未从事过某一活动，那就请考虑你将来是否会擅长从事该项活动。请你务必做完每一道题目。

### 一、R 型(现实型能力)

你擅长做或胜任下列事情吗？ 是 否
1. 使用锯子、钳子、车床、砂轮等工具。 □ □
2. 使用万能电表。 □ □
3. 给自行车或机器加油使它们正常运转。 □ □
4. 使用钻床、研磨机、缝纫机等。 □ □
5. 修整木器家具表面。 □ □
6. 看机械、建筑设计图纸。 □ □
7. 修理结构简单的家用电器。 □ □
8. 制作简单的家具。 □ □
9. 绘制机械设计图纸。 □ □
10. 修理收录音机的简单部件。 □ □
11. 疏通、修理自来水管或下水道。 □ □

### 二、I 型(调研型能力)

你擅长做或胜任下列事情吗？ 是 否
1. 了解真空管的工作原理。 □ □
2. 知道三种以上蛋白质含量高的食物。 □ □
3. 知道一种放射性元素的"半衰期"。 □ □

| | 是 | 否 |
|---|---|---|
| 4. 使用对数表。 | ☐ | ☐ |
| 5. 使用计算器或计算尺。 | ☐ | ☐ |
| 6. 使用显微镜。 | ☐ | ☐ |
| 7. 辨认3个星座。 | ☐ | ☐ |
| 8. 说明白血球的功能。 | ☐ | ☐ |
| 9. 解释简单的化学分子式。 | ☐ | ☐ |
| 10. 理解人造卫星不会落地的道理。 | ☐ | ☐ |
| 11. 参加科技竞赛或科研成果交流会。 | ☐ | ☐ |

### 三、A型(艺术型能力)

你擅长做或胜任下列事情吗？

| | 是 | 否 |
|---|---|---|
| 1. 演奏一种乐器。 | ☐ | ☐ |
| 2. 参加二重唱或四重唱表演。 | ☐ | ☐ |
| 3. 独奏或独唱。 | ☐ | ☐ |
| 4. 扮演剧中角色。 | ☐ | ☐ |
| 5. 说书或讲故事。 | ☐ | ☐ |
| 6. 表演现代舞或芭蕾舞。 | ☐ | ☐ |
| 7. 人物素描。 | ☐ | ☐ |
| 8. 油画或雕塑。 | ☐ | ☐ |
| 9. 制造陶器、捏泥塑或剪纸。 | ☐ | ☐ |
| 10. 设计服装、海报或家具。 | ☐ | ☐ |
| 11. 写得一手好文章。 | ☐ | ☐ |

### 四、S型(社会型能力)

你擅长做或胜任下列事情吗？

| | 是 | 否 |
|---|---|---|
| 1. 善于向别人解释问题。 | ☐ | ☐ |
| 2. 参加慰问或救济活动。 | ☐ | ☐ |
| 3. 善与人合作、配合默契。 | ☐ | ☐ |
| 4. 殷勤待客。 | ☐ | ☐ |
| 5. 能深入浅出地教育儿童。 | ☐ | ☐ |
| 6. 为一次宴会安排娱乐活动。 | ☐ | ☐ |
| 7. 帮助他人解决困难。 | ☐ | ☐ |
| 8. 帮助护理病人或伤员。 | ☐ | ☐ |
| 9. 安排学校或社团组织的各种集体事务。 | ☐ | ☐ |
| 10. 善察人心或善于判断人的性格。 | ☐ | ☐ |
| 11. 善与年长者相处。 | ☐ | ☐ |

## 五、E 型(企业型能力)

你擅长做或胜任下列事情吗?　　　　　　　　　　　是　否

1. 在学校里当过班干部并且干得不错。　□　□
2. 善于督促他人工作。　□　□
3. 善于使他人按你的习惯做事。　□　□
4. 做事具有超常的精力和热情。　□　□
5. 能做一个称职的推销员。　□　□
6. 代表某个团体向有关部门提出建议或反映意见。　□　□
7. 担任某种领导职务期间获过奖或受表扬。　□　□
8. 说服别人加入你所在的团体(俱乐部、运动队、工作或研究组等)。　□　□
9. 创办一家商店或企业。　□　□
10. 知道如何做一位成功的领导人。　□　□
11. 有很好的口才。　□　□

## 六、C 型(常规型能力)

你擅长做或胜任下列事情吗?　　　　　　　　　　　是　否

1. 一天能誊抄近一万字。　□　□
2. 能熟练地使用算盘或计算器。　□　□
3. 能够熟练地使用中文打字机。　□　□
4. 善于将书信、文件迅速归档。　□　□
5. 做过办公室职员工作且干得不错。　□　□
6. 核对数据或文章时既快又准确。　□　□
7. 会使用外文打字机或复印机。　□　□
8. 善于在短时间内分类和处理大量文件。　□　□
9. 记账或开发票时既快又准确。　□　□
10. 善于为自己或集体作财务预算(表)。　□　□
11. 能迅速誊清贷方和借方的账目。　□　□

好,第 3 部分已完成。现在请继续做第 4 部分。

### 第 4 部分　你所喜欢的职业

下面列举了许多职业,对这些职业的基本情况你或多或少都有所了解,并在此基础上形成了自己的评价态度。如果你对某项职业喜欢的话,请在答题卷相应题目后的"是"一栏的方框内画"√";如果不喜欢则请在"否"一栏的方框内画"√"。这一部分测验也要求每题必做。

#### 一、R 型(现实型职业)

你喜欢下列职业吗?　　　　　　　　　　　　　　　是　否

1. 飞行机械技术人员。 ☐ ☐
2. 鱼类和野生动物专家。 ☐ ☐
3. 自动化工程技术人员。 ☐ ☐
4. 木工。 ☐ ☐
5. 机床安装工或钳工。 ☐ ☐
6. 电工。 ☐ ☐
7. 无线电报务员。 ☐ ☐
8. 长途汽车司机。 ☐ ☐
9. 火车司机。 ☐ ☐
10. 机械师。 ☐ ☐
11. 测绘、水文技术人员。 ☐ ☐

## 二、I型（调研型职业）

你喜欢做下列事情吗？ 是 否

1. 气象研究人员。 ☐ ☐
2. 生物学研究人员。 ☐ ☐
3. 天文学研究人员。 ☐ ☐
4. 药剂师。 ☐ ☐
5. 人类学研究人员。 ☐ ☐
6. 化学研究人员。 ☐ ☐
7. 科学杂志编辑。 ☐ ☐
8. 植物学研究人员。 ☐ ☐
9. 物理学研究人员。 ☐ ☐
10. 科普工作者。 ☐ ☐
11. 地质学研究人员。 ☐ ☐

## 三、A型（艺术型职业）

你喜欢下列职业吗？ 是 否

1. 诗人。 ☐ ☐
2. 文学艺术评论家。 ☐ ☐
3. 作家。 ☐ ☐
4. 记者。 ☐ ☐
5. 歌唱家或歌手。 ☐ ☐
6. 作曲家。 ☐ ☐
7. 剧本写作人员。 ☐ ☐
8. 画家。 ☐ ☐
9. 相声演员。 ☐ ☐

10. 乐团指挥。
11. 电影演员。

### 四、S型（社会型职业）

你喜欢下列职业吗？　　　　　　　　　　　　　是　　　否

1. 街道、工会或妇联负责人。
2. 中学教师。
3. 青少年犯罪问题专家。
4. 中学校长。
5. 心理咨询人员。
6. 精神病医生。
7. 职业介绍所工作人员。
8. 导游。
9. 青年团负责人。
10. 福利机构负责人。
11. 婚姻介绍所工作人员。

### 五、E型（企业型职业）

你喜欢下列职业吗？　　　　　　　　　　　　　是　　　否

1. 供销科长。
2. 推销员。
3. 旅馆经理。
4. 商店管理费用人员。
5. 厂长。
6. 律师或法官。
7. 电视剧制作人。
8. 饭店或饮食店经理。
9. 人民代表。
10. 服装批发商。
11. 企业管理咨询人员。

### 六、C型（常规型职业）

你喜欢下列职业吗？　　　　　　　　　　　　　是　　　否

1. 簿记员。
2. 会计师。
3. 银行出纳员。
4. 法庭书记员。
5. 人口普查登记员。

6. 成本核算员。 ☐ ☐
7. 税务工作者。 ☐ ☐
8. 校对员。 ☐ ☐
9. 打字员。 ☐ ☐
10. 办公室秘书。 ☐ ☐
11. 质量检查员。 ☐ ☐

好,第 4 部分已完成。现在请继续做第 5 部分。

### 第 5 部分　你的能力类型简评

下面两张表是你在六个职业能力方面的自我评分表。你可以先与同龄人比较一下自己在每一方面的能力,然后经斟酌以后对自己的能力做一个评价。评分时请在表中适当的数字上画圈。数字越大表示你的能力越强。

注意,请勿全部圈画同样的数字,因为人的每项能力不可能完全一样。

表 A

|  | R 型 | I 型 | A 型 | S 型 | E 型 | C 型 |
|---|---|---|---|---|---|---|
|  | 机械操作能力 | 科学研究能力 | 艺术创造能力 | 解释表达能力 | 商业洽谈能力 | 事务执行能力 |
| 高 | 7 | 7 | 7 | 7 | 7 | 7 |
|  | 6 | 6 | 6 | 6 | 6 | 6 |
|  | 5 | 5 | 5 | 5 | 5 | 5 |
| 中 | 4 | 4 | 4 | 4 | 4 | 4 |
|  | 3 | 3 | 3 | 3 | 3 | 3 |
| 低 | 2 | 2 | 2 | 2 | 2 | 2 |
|  | 1 | 1 | 1 | 1 | 1 | 1 |

表 B

|  | R 型 | I 型 | A 型 | S 型 | E 型 | C 型 |
|---|---|---|---|---|---|---|
|  | 体力技能 | 数学技能 | 音乐技能 | 交际技能 | 领导技能 | 办公技能 |
| 高 | 7 | 7 | 7 | 7 | 7 | 7 |
|  | 6 | 6 | 6 | 6 | 6 | 6 |
|  | 5 | 5 | 5 | 5 | 5 | 5 |
| 中 | 4 | 4 | 4 | 4 | 4 | 4 |
|  | 3 | 3 | 3 | 3 | 3 | 3 |
| 低 | 2 | 2 | 2 | 2 | 2 | 2 |
|  | 1 | 1 | 1 | 1 | 1 | 1 |

好,第 5 部分已完成。请继续做第 6 部分。

## 第6部分　统计和确定你的职业倾向

请将第2部分至第5部分的全部测验分数按前面已统计好的六种职业倾向（R型、I型、A型、S型、E型和C型）得分填入下表，并做纵向累加。

| 测验 | R型 | I型 | A型 | S型 | E型 | C型 |
| --- | --- | --- | --- | --- | --- | --- |
| 第2部分 | | | | | | |
| 第3部分 | | | | | | |
| 第4部分 | | | | | | |
| 第5部分（A） | | | | | | |
| 第6部分（B） | | | | | | |
| 总分 | | | | | | |

请将上表中的六种职业倾向总分按大小顺序依次从左到右重新排列：
　　　　型、　　　　型、　　　　型、　　　　型、　　　　型、　　　　型

得分最高的职业类型意味着最适合你的职业。比方说，假如你在I型上得分最高，说明你适合做自然科学方面的研究工作，如气象研究、生物学研究、天文学研究等，或科学杂志编辑。其余类推。

如果最适合你的工作和你在第1部分所写的理想工作之间不太一致，或者在各种类型的职业上你的能力和兴趣不相匹配，那么请你参照第7部分——职业价值观来做出最佳选择。比方说，假如第2部分你在I型上得分最高，但第3部分你在A型上得分高，那么请参考你最看重的因素：假如你最看重能充分发挥自己的能力特长或工作环境舒适，那么A型工作最适合你；假如你最看重能从事自己感兴趣的工作或工作稳定有保障，那么I型工作最适合你；假如你最看重的是其他因素，那么请向A型职业方面的专家咨询，选择和你的职业价值观最接近的工作。

## 第7部分　你所看重的东西——职业价值观

这一部分测验列出了人们在选择工作时通常会考虑的十要素（见所附工作价值标准）。请你在其中选出对你最重要的两项因素，以及最不重要的两项因素，并将序号填入下边相应横线上。

最重要：_____

最不重要：_____

次重要：_____

次不重要：_____

[附] 工作价值标准：

① 工资高、福利好。
② 工作环境（物质方面）舒适。
③ 人际关系良好。
④ 工作稳定有保障。
⑤ 能提供较好的受教育机会。
⑥ 有较高的社会地位。
⑦ 工作不太紧张、外部压力少。
⑧ 能充分发挥自己的能力特长。
⑨ 社会需要与社会贡献较大。
⑩ 能从事自己感兴趣的工作。

以上全部测验完毕。

现在，将你测验得分居第一位的职业类型找出来，对照职业索引，判断一下自己适合的职业类型。

 **项目回顾**

1. 职业素养的含义是什么？
2. 职业素养有哪些核心要素？
3. 职业素养的地位及培养的意义是什么？
4. 查找自己缺失的职业素养，掌握职业素养提升的实现路径。

职业索引

# 项目二

# 职业核心道德素养

 项目导入

《致加西亚的信》

一本仅万余言的图书全球销量却超过 8 亿册,位列有史以来世界最畅销图书排行榜的第六名。这到底是一本怎样的书?

《致加西亚的信》讲述了一个简单的小故事。故事发生于 19 世纪美国与西班牙战争期间,古巴也正在为摆脱西班牙的殖民统治争取民族独立而战斗。当时,美国急需得到古巴国内反抗西班牙统治的义军首领加西亚的支持。因此,美国总统麦金莱需要将一封极为重要的信件送给位于古巴热带丛林中的加西亚,以建立同他的联系,但问题是没有人知道加西亚的具体位置。这一重要任务被安排给了一名年轻的中尉军官罗文。罗文面对众多的未知问题及恶劣的环境,独自秘密潜入古巴,历尽艰难,徒步三周后,最终成功将信送给加西亚并为美国带回重要的军事情报。

该书中的主角罗文在接到麦金莱总统的任务之时,并没有追问如谁是加西亚、加西亚在哪里、为什么要给他送信、如何找到加西亚等问题,而是无条件地接受了这一任务,一个人把信装在一个油布制的口袋里,封好,装在胸口,划着小船开始了送信的艰难旅途。在送信过程中,罗文面临了恶劣的自然环境及西班牙殖民军队的重重盘查,经历了多次生死考验,但他始终没有放弃把信送给加西亚的任务,而是充分利用极为有限的信息,创造性地完成了送信的任务并带回了军事情报。是什么原因使得罗文能够冒着生命危险,克服重重困难,最终出色地完成这一"不可能"的任务?毋庸置疑,是罗文忠于职守、忠于祖国的理想信念,是罗文积极主动、富有开创性的创业精神。

(资料来源:李新明主编,《校之亲》,西北大学出版社,2013 年)

## 启示

《致加西亚的信》所推崇的关于忠诚、敬业的思想观念,已经在全球的许多地方产生了深远影响。试想一下,如果你是罗文,你如何成为一个能够把信成功送给加西亚的人?

## 项目目标

1. 了解职业核心道德素养的主要内容,理解职业核心道德素养的基本要求。
2. 能够运用忠诚、诚信、敬业的意识指导行动。
3. 崇尚忠诚、诚信和敬业的美德,为将来步入职场奠定坚实的基础。

## 任务一

# 忠诚——职场最重要的美德

如果说智慧和勤奋像金子一样珍贵的话,那么还有一种东西更为珍贵,那就是忠诚。忠诚不仅仅属于品德范畴,更是一种生存的必备品质。一个人如果失去了对公司的忠诚,也就失去了做人的原则,失去了成功的机会。这个世界并不缺乏有能力的人,既有能力又忠诚的人才是每一个企业渴求的最理想的人才。那些忠诚于老板、忠诚于企业的员工,都是能尽心尽力工作的员工,他的忠诚会让他的职业生涯达到人们想象不到的高度。

忠诚并不是任何一个公司强加给员工的,而是员工自始至终都必须具备的一种职业道德。也就是说,员工身上所体现出的忠诚,并不是对某个特定公司或者某个特定的人的忠诚,而是一种职业的忠诚,是承担某一责任或者从事某一职业表现出来的精神。

本杰明·富兰克林(Benjamin Franklin)曾经如是说:"如果说,生命力使人们前途光明,脚踏实地使人们现实,那么深厚的忠诚感就会使人生正直而富有意义。"在职场上,我们应该将对领导个人的忠诚,升级为对公司的忠诚。作为员工,我们更应该在职场中培养自己的忠诚意识,让自己成为一名忠诚于公司的员工。

## 一、忠诚的含义

从字义上来讲,忠:尽心竭力;诚:诚者,信也。忠诚即竭尽全力,言行一致,表里如一地做好事情。

北宋理学家、哲学家程颐有这样一句话:"人无忠信,不可立于世。"也就是说,一个人如果没有忠诚、信义的修养,那么他就无法在世间立足。"忠诚是做人之本,更是成功之基。"只有忠诚,才能让我们在生活中获得更多的朋友;只有忠诚,才能让我们在职场中拥有更多的信任。

### (一)对职业的忠诚

对职业忠诚是对事业有献身精神和忠诚意识,是对职业追求的责任心和使命感,是每名员工都应具备的一种品质。这是从业者应遵循的职业基本准则,是企业或个人遵守承诺和契约的品德及行为。

 拓展阅读

## 忠诚企业首先要忠诚于职业

有一位铁匠,铸铁技术一流,他铸造出来的工具得到了当地许多人的认可和赞赏。在士兵眼中,没有人比这位铁匠造出的武器更坚韧;在农民眼中,没有人比这位铁匠造出的犁具更耐用;在工匠们眼中,没有人比这位铁匠铸造的工具更结实好用。

这一天,几个木匠来到铁匠铺中要求铁匠为他们每人做一把最好的锤子,因为他们几个人打算结伴到邻村的一个包工老板那里去做木匠活。"你们是要最好的铁锤吗?"铁匠问几个木匠。他们齐声回答道:"是啊,否则也不会花大价钱来你这里了。"铁匠听到回答笑了两声,然后说:"只要你们愿意出钱,我就保证给你们每人做一把最好的锤子。"

"听说那个包工头承包了一项非常大的工程,这下可有你们几个人干的了。"铁匠边给这几个木匠打造锤子边和他们聊天。"是啊,不过在我们开工之前,你可是先要忙活一阵子了。"答话的是一个嗓门很大的高个子木匠。

铁匠边聊天边工作,而且这几个木匠还时不时地主动上来搭把手,几把铁锤在不知不觉中就做好了。几个木匠试了试,果然十分好使,于是付过钱之后心满意足地走了。

几天之后,那位承包了大工程的包工头亲自找上门来向铁匠订做几十把"最好的锤子",而且包工头还特别强调,一定要比前几天来过的那几位木匠手中的铁锤更好。他还表示,只要铁匠能够做得出更好的锤子,那么他愿意支付更多的钱。

听完包工头说的话之后,铁匠笑了笑说道:"以我目前的技术已经不可能做出比他们手中更好的铁锤了。"

包工头不以为然地说道:"他们一共才要几把铁锤,我要的数量可多得很。再说我支付的价钱一定会比他们高得多,难道你放着这么好的生意不做吗?"

铁匠回答:"我当然愿意做这笔生意,可是当初我给他们做时已经尽我所能地做到了最好,现在也不可能再做出更好的铁锤了。其实无论你给我多少钱,无论主顾是谁,凡是我接手的生意,我必定会尽我所能做到最好。也许在几年以后,随着我技术水平的提高还会做出更好的工具,但是现在我真的做不了。"

听到铁匠的话,包工头无话可说,他决定仍旧在这里订做几十把"最好的铁锤",而且决定以后但凡他需要的工具都在这里订做。

忠诚与权势、利益等无关。对于职业的忠诚并不仅仅是为了从职业中获取某种利益,而是将自己的工作当成信仰,将每一次任务当成使命。在现代社会,真正的忠诚更应该是一种职业的责任感和使命感。如果缺少了责任感和使命感,即使能够利用自身的职业技能获取一定的物质利益,可是在精神上,这样的人却最贫穷。

(资料来源:https://www.doc88.com/p-591546982817.html)

### （二）对企业的忠诚

对企业忠诚是指员工认可企业文化、环境，全身心地投入到工作中去，把个人的发展融入企业发展中，相信企业将为其提供发展的机会和应得的物质回报。忠诚于企业的员工，是"敬业"的员工，其特征有：身心完全地投入工作；认可企业，不受外界诱惑的干扰；稳定、持续地为企业创造价值。

## 二、忠诚的价值

### （一）忠诚对个人的价值

在组织中，忠诚表现在工作中主动、责任心强、细致周到地体察上司的意图、将工作做到最好等方面。同时，不以表现作为寻求回报的筹码，但是在个人忘我工作中，使人生价值得到最大的体现。

对企业忠诚使员工有机会超越自己，赢得组织信任，赢得成长机会，展示创造力。随着专业的发展和权威的树立，员工对组织的使命感和认同感也在不断提升。员工对组织忠诚，实际上是对自己职业发展负责，对自己人生负责的充分体现。

然而，员工对企业忠诚也会出现不利的情况。其一，极端的忠诚也可能使员工只能从对企业的贡献中感受自己的价值，因而可能会扭曲对自我价值的认知；其二，当企业不值得员工奉献忠诚，如企业腐败，企业管理无序或管理人员过于自私时，忠诚的员工就无法得到成长的机会，盲目忠诚可能会使个人沦为企业牟利的工具。

### （二）忠诚对企业的价值

#### 1. 忠诚决定工作绩效

员工是企业的重要组成部分，员工的忠诚将大大激发员工的主观能动性和创造性，使员工的潜力得到发挥。企业员工的忠诚度提高了，工作绩效自然也就得到了提高。

#### 2. 忠诚增强企业的核心竞争力

人力资源是最具活力的资源，科学地使用人力资源能帮助企业赢得竞争优势。忠诚使员工创造性潜力被激发，员工的创造性思维和劳动是企业发展的根本驱动力，利于增强企业的核心竞争力。

#### 3. 忠诚减少组织的人员置换成本

当员工的忠诚度降低时，员工就会对其服务的企业不满，甚至选择离开，从而导致员工流失。企业为了填补员工离职的空白，又需要重新招募、培训新的员工，这期间还要冒着生产率降低、新员工无法胜任工作的风险，这样就会使企业产生较大置换成本。

#### 4. 忠诚提高生产和服务效率

效率是人们熟练地工作与其勤奋地工作的乘积。一般来说，员工在一个企业中工作越久，他们对业务和企业文化就熟悉，积累的工作经验越多，他们生产和服务的效率就越高。忠诚的员工熟悉企业的经营理念和工作流程，了解企业的客户群体，与新员工相比，他们懂得如何更好地降低成本，提高产品质量，满足客户需求。忠诚是效率，员工的忠诚度提高对客户满意度的提高起到促进的作用。

#### 5. 忠诚有利于员工的职业稳定与发展

忠诚是双向的，员工对企业忠诚，企业也会将劳动成果分享给忠诚的员工，这对员工的工作稳定性起到促进作用。员工进一步规划其职业发展时，企业又可帮助员工实现其职业规划，从而实现双赢，因而忠诚也可被看作是一种职业生存方式。

## 三、践行忠诚的基本要求

### （一）忠诚于企业

#### 1. 关心企业的发展

企业的发展与个人的发展相辅相成，企业发展了，才能给员工提供更好的发展资源，同时，企业的发展也离不开员工的努力，员工一旦投身企业，就意味着个人的利益与企业联系在一起。因此，员工应该关心企业的发展，为企业的发展献计献策，这样企业才能越来越好。

#### 2. 保守企业的秘密

关于企业的秘密，员工一定要处处以企业利益为重，处处严格要求自己，做到慎之又慎。因为企业利益和员工利益在根本上是一致的，企业利益与员工利益息息相关，员工不经意的一言一行就可能泄露企业的商业机密，间接损害员工自己的利益。

#### 3. 维护企业的利益

工作期间不做私事，是企业对每个员工的基本要求，不要认为这是无伤大雅的小事。要戒除私心，不要将企业的物品私有化，这些微不足道的事却能反映出一个人的职业操守。不被利益驱动，要按时完成企业交办的工作，不遗余力地为企业提高效益。

#### 4. 危难时刻与企业同舟共济

企业出现困难时，如果你能替老板出主意、想办法，帮助企业顺利渡过难关，老板就会非常信任你，将重任交给你，这对你今后的发展会有很大的帮助。

### （二）忠诚于职业

职业忠诚主要是指对自己所从事职业的认真负责态度及愿意为此献身的精神。

### 1. 对事业的献身精神和忠诚意识

它要求员工必须热爱自己所从事的工作和所献身的事业,竭诚为之奋斗,并将自己的一生与其所从事的事业联系起来,在事业的成功中实现人生的价值。全球人力资源管理服务和咨询公司翰威特的研究指出,职业忠诚可以分为三个层次:第一层是乐于宣传(Say),就是员工经常会对同事、可能加入企业的人、目前的与潜在的客户说企业的好话;第二层是乐意留下(Stay),就是具有留在组织内的强烈欲望;第三层是全力付出(Strive),就是员工不但全心全意地投入工作,而且愿意付出额外的努力促使企业成功。职业忠诚集中表现为人们对事业和工作的爱。劳动是人类社会产生和发展的前提条件,也是每一个有劳动能力的普通公民的基本义务,是一切财富的源泉。员工对工作的热爱、对工作的虔诚,常常会超越个人的私欲,将自己从事的职业看成是民族大业和国家大业的一部分,哪怕是点滴的成功,都与大业息息相关。"创业守业皆须敬业,国情世情总关我情。"员工因而以此为乐,以此为荣。

### 2. 对职业执着追求的责任心和使命感

具有职业忠诚品德的人始终认为职业是神圣的,并视职业为生命的一部分。职业职责是人们在一定的职业活动中所承担的特定责任,它包含了人们应该做的工作以及应该承担的义务等。《礼记·杂记》提出"君子有五耻"之说,强调人生在世做事应该尽职尽责。职业忠诚把忠于职守作为主要内容,要求人们忠实地履行自己的职业职责,有强烈的职业责任感,对工作极度负责。

### 3. 良善的劳动态度和工作作风

忠诚的员工深知职业和岗位只是分工有不同,并无高低贵贱之别。梁启超的《敬业与乐业》认为,"凡职业都是有趣味的,只要你肯继续做下去,趣味自然会发生"。任何一种职业都有无穷的趣味和无尽的快乐,只要秉持着良善的工作态度和工作作风坚持不懈地做下去,其中的快乐就自然会出现。每一职业之成就,离不了乐观向上的奋斗。人生能从自己职业中领略出趣味,发现快乐,生活才有意义和价值。

### 4. 精益求精的职业品质和刻苦钻研的精神

职业忠诚不是一般的道德宣教,它必须落实到具体的职业活动中,落实到对所从事的职业和技术的钻研中。只有在业务上精益求精,始终做到学而不厌、习而不倦、勤苦钻研,才能在本职岗位上有所建树。

#### 如果你是忠诚的,你就会成功

一位成功学家说过:"如果你是忠诚的,你就会成功!"

2006年8月,是小燕人生的一次转折,她由一名学生转变为一名打工者。当她从学校毕业,即将走出家门踏进社会的时候,父母就教导她:做人要讲诚信,要忠诚,无论以后你的工作如何,对待工作一定都要敬业。和别人相处也要怀着一颗真诚的心,或许你无法让所有的人都喜欢你,但至少可以使大多数人依赖你。

2006年8月19日,小燕进入江苏A科技集团,被分配到后装工段的质量控制点,负责动态测试工位。这是唯一能对FBT产品进行电性能全检的工位,稍有马虎,不良品就将流入市场,那样不但会给公司造成很大的负面影响,而且是对顾客的不负责,她也将对不起父母对她的谆谆教导。此时她感受到了肩上所担负的责任,她必须以百分之百的热情和认真的心态来对待每一个产品。在那几个月的时间里,她所检的产品未出现过不良状况,对于这一点她很欣慰。她没有让父母失望,更没有让她的领导失望。她想忠诚并不是从一而终,而是一种职业的责任感;不是对某个公司或某个人的忠诚,而是一种对职业的忠诚,是承担某一责任或者从事某一职业所表现出来的敬业精神。

2006年10月,是小燕人生的又一次转折,她从一名普通质检转变成为基层的管理人员。刚接触该工作的时候,她有些不知所措,但还是迎难而上,她想:别人能做好的工作,她也一定能够做得出色。现在,回首过去,这期间的经历使她受益匪浅,使她体会到了"忠诚"二字的分量。她忠诚于公司、忠诚于领导,更忠诚于所有员工,在与他们同舟共济、共赴艰难的日子里,她体会到了一种集体的力量。虽然难免也有出错的时候,但她依然对自己的工作充满信心,不仅仅是因为她对工作和领导是忠诚的,更因为员工和同事对她给予支持和协助,是他们使她对未来充满信心。

忠诚是一种美德,它是一种尊重他人和自我的表现,更是支撑每位工作者的精神力量!

(资料来源:武冈人网,https://www.4305.cn/WuGang/748.html)

## 任务二

# 诚信——为人处世最真诚的语言

以研究军事著称的克里斯·麦克纳布（Chris McNab）博士说："诚信已不仅仅是品德范畴的东西了，它更成为一种生存的技能，如果一个人失去了对共生伙伴的诚信，那他就失去了做人的原则，失去了成功的机会。"

## 一、诚信的含义

诚信是一个道德的范畴，是公民的第二张身份证，是日常行为的诚实和正式交流的信用的合称，即待人处事真诚、老实、讲信誉，言必信，行必果。

诚信是人必备的优良品格。一个人讲诚信，就代表他是一个讲文明的人。讲诚信的人，处处受欢迎。诚信是为人之道，是立身处世之本。

## 二、诚信的价值

### （一）诚信是一种安全有益的职业生存方式

对员工而言，拥有诚信就拥有了一种安全有益的职业生存方式。在一个企业中，诚信是员工相互合作的必要条件。诚恳守信、言出必行、忠诚可靠、有良好的道德品质的人是值得信赖的，也是企业和社会所需要的。所以，诚信品质也是我们实现职业理想的一种保障。对此，应该记住的是，不论在什么时候、什么地方，我们都应该把做人的诚信放在首位。

很多世界级企业对员工进行绩效考核时都看重诚信，他们要能力，但更看重诚信。如通用电气公司对人才选拔的原则是员工首先要具备诚信，业绩居于第二。IBM 在选人时很看重人的正直和诚实，并把二者放在很重要的位置。惠普公司也十分注重选拔具有诚实和正直品行的人才。这些企业都认为，如果一名员工不能诚信地工作，即使他可能在短时间内给公司带来利益，但不可能带来长远的效益，而员工不讲诚信的行为往往还会给企业造成负面的影响。

由此可见，诚信品质是众多企业衡量人才的一个重要标准，企业都认为不讲信誉的员工一定不是好员工。其实不单是这些大企业，几乎任何行业、任何企业都一样，都会把员工的诚信放在第一位。

如果你有诚信品质，那么你就可以在职场上建立良好的信誉和形象，从而使你的职业素质快速提高。一名员工能否在公司中立足，能否得到领导和同事的信任，能否最终取得职业生涯的成功，很大程度上都取决于该员工是否具备诚信品质。若该员工发生了诚信危机，那么他很可能就没有机会在企业继续工作了，严重者或许还会受到法律的制裁。

还有一种情况是，不真诚对待工作也是不诚信的表现。在工作过程中，如果员工不能诚信地做好工作，那么他就会出现诚信危机。这样的员工往往会不把工作当回事，会欺骗上司、同事、下属，以及公司客户等，甚至出卖或背叛公司、中饱私囊。这样一来，公司的声誉、利益就会受到损害。而他敷衍、欺骗、背叛的行为，也必会招来众怒，乃至受到惩罚。

因此，诚信是一种做人的品质，是个人修养的反映，是各行各业的员工都应具备的素质。存在诚信缺陷的员工肯定不是一名合格的员工，并且很难真正达到理想的职业化状态。身在职场，我们每个人都应该讲究诚实守信，共树诚信光荣、无信可耻的工作作风，为企业、更为自己的发展而努力。

### （二）诚信是一条双行道，付出一份真诚，你将收获一份信任

不管你的能力是强是弱，你都一定要具备诚信的品质。只要你真正表现出对公司的诚信，你就能得到老板的信任，他也会乐意在你身上投资，给你培训的机会，从而提高你的能力，因为他认为你是值得信赖和培养的。

同许多成功的世界500强企业一样，微软公司也把员工视为最宝贵的资产。公司经常为它所雇用的忠实可靠的，致力于发展高质量产品、程序和业务的人才而感到自豪。在比尔·盖茨的微软公司，员工的使命感相当强烈，求知欲极其旺盛，诚信度也极高。据调查显示，微软的人才流动率在IT行业是最低的，这与其独具特色的用人机制是分不开的。微软认为，员工的学识与经验都是可以通过后天补充的，而可贵的品质却绝非短时期内能够形成。比尔·盖茨曾总结出优秀员工要具备的十大准则，而在这十大准则中，他将"诚信"列于榜首。

## 三、践行诚信的基本要求

首先，要切实履行自己的岗位职责，这是对企业诚信的核心内容。在自己的岗位上兢兢业业，恪尽职守，在为企业创造经济效益、树立良好形象、培养优秀人才的过程中竭尽自己的智慧和力量。

其次，要有强烈的责任感，自觉维护企业的合法利益。在企业利益遭受损害时，要

挺身而出,为减小企业的损失尽最大努力;要把心思用在企业建设上,为企业发展添砖加瓦。

最后,要将个人的发展与企业的发展结合起来。企业是个人发展的平台,要勤学苦练,把自己的业务做深、做精,并力争达到一专多能,成为企业建设的栋梁之材,尤其是在企业遇到危难的时候,要能够与企业患难与共、同舟共济。在企业需要的时候,要能够舍小家,顾大家,不计得失,乐于奉献。

如果你能做到诚信,并把诚信变成自己的一种习惯,你一定会一步步走向事业的巅峰。诚信是你承担某一责任或者从事某一职业所表现的投入精神。本杰明·富兰克林说:"如果说,生命力使人们前途光明,团结使人们宽容,脚踏实地使人们现实,那么深厚的诚信感就会使人生正直而富有意义。"

## 四、诚信品质的培养

### (一)守住诚信的人生底线

古往今来,没有任何一个老板会喜欢一个有异心的员工。无论你的能力多么出众,无论你的智慧多么超群,如果你缺乏诚信,就没有任何人会放心地把重要的事情交给你去做,没有任何人会让你成为公司的核心力量。因为一个精明干练的员工,一旦生有异心,他的能力发挥得越充分,对老板和公司利益的损害可能就越大。更多的时候,老板更乐意提拔那些具有诚信品质的员工,对那些三天两头喊着另寻高枝的人则会毫不留情地将其"打入冷宫"。

诚信不仅仅是个人品质的问题,更会关系到公司的利益。诚信有着其独特的道德价值,并蕴含着极大的经济价值和社会价值。一个拥有诚信品质的员工,能给他人以信赖感,让领导乐于接纳。在赢得领导信任的同时,他也更容易为自己的职业生涯创造更多的机会。所以,我们要守住诚信的人生底线。

### (二)恪守商业机密

古人说:"人生七尺躯,谨防三寸舌。"无论什么时候,都不要因为诱惑而挑战你的道德底线,那样会让你走进痛苦的深渊。

我们工作的环境总是充斥着各种各样的诱惑,而一个优秀的员工永远不会为利益所诱惑,做出违背原则的事情。一个人如果为了一丁点利益而出卖公司的话,那他就不会受到欢迎,因为他出卖的不仅仅是公司的利益,还有他自己的人格。哪怕是从他手中获得利益的人,也会从心里对他产生鄙夷。

一位成熟的职业人士懂得管好自己的嘴巴,无论何时何地,都能运用自己的自制力保守企业的机密。

### (三）把职业当事业

工作是人生中不可或缺的一部分，把工作当成一项成就自己人生的事业去做，这是一种责任、一种承诺、一种精神、一种义务，更是对自己选择这个职业的一份诚信。

化职业感为事业感，这虽然只有一字之差，却会得到截然不同的结果。职业感要求我们恪守职业道德，尽心尽力地完成我们的工作。而事业感却不同，它体现了更多的自觉性，而且总与某种价值观联系在一起；它追求的是一种完美的境界，能体现自己生存的意义，能激发更大的创造性。一家企业的一名普通工人，取得了数项发明专利，在谈到他的心得时，他说："能够取得这些成功，是因为我不仅把这份工作当作谋生的手段，而且当成事业来经营。"

所以，当你认为自己所从事的职业是一份值得为之付出和献身的事业时，你就会带着一颗虔诚、敬畏的心去对待你的工作，并在这个过程中让你的人生更加圆满。为了自己的事业而诚信敬业、全力以赴，是让自己的人生价值无限延伸的正确途径。

**相关链接**

#### 职场中个人诚信的误区

**误区一：职场人讲信用与其负责的工作关系不大**

有人认为，诚信就是要讲信用，只要我讲信用，我就诚信了。是的，这种认识无可厚非，但作为员工，其信用不仅仅是同事之间的言而有信，还包括对其职责范围的工作认真负责，尽力做好。如果你的工作没做好，特别是在你的能力范围内没有做好，那就是不讲信用。

**误区二：江湖义气就是诚信**

常听到这样一句话：咱们是谁？好兄弟啊！既然我们是兄弟，以后你的事就是我的事。其实你有没有想过，都是同事，你为什么要认这个人做兄弟，而不认那个人做兄弟？为什么在对待同样一件事时只偏向你所谓的"兄弟"呢？把江湖义气或江湖作风带进职场，拉帮结派，势必会孤立甚至排挤部分同事，这样肯定不利于工作，也不是讲诚信的表现。这种江湖义气或江湖作风不仅对同事关系不利，而且对工作也相当不利，会人为制造一些妨碍工作的不利因素。因此，把江湖义气看作诚信是一种肤浅的认识，所谓的"诚信"实际上却是不诚信。真正的诚信应该是帮助偏离诚信的同事改正，或求同存异，团结一心为企业的发展共同努力。

**误区三：性格、习惯好坏与是否诚信无关**

一个人的工作能力强，但性格不好、习惯不好，这样的人，同事们愿意或敢于跟他多交流沟通，说出自己对工作的认识和看法吗？估计没几个人敢这样做。因为你不知道他什么时候会不高兴,什么时候会发脾气。既然不敢,同事对这个人的诚信度也就不敢有所认同。同样,有的人有不良习惯,比如酗酒、喜欢开玩笑等,其诚信度也会有所降低。因此,一个人的性格、习惯好坏,表面上看与诚信关系不大,但确实是影响他人对其诚信评判的潜在因素。所谓"千里之堤,溃于蚁穴",不好的性格、不良的习惯,会逐步吞噬掉你的诚信,让你离团队越来越远。

### 误区四:个人能力高低与诚信无关

有人认为,个人能力的高低与其是否诚信没有必然联系,实则不然。个人能力的高低往往会直接影响人的诚信度。举例来说,当上司把一件重要的工作交给下属去做时,他首先考虑的一定是谁能保证此项工作的完成。因此,上司选择谁去做一项工作,也就是表明了他对哪个下属的诚信度更加认可。可见,具备保证工作能够完成的能力,也是一种诚信。个人能力是保证诚信实现的重要支撑。如果你没有能力完成工作,本质就是失信,是缺乏诚信的表现。

### 误区五:自我意识强,不在乎别人的感受,这也与诚信无关

有的职场人士自我意识特别强,认为自己的意见、方法就是对的,不容别人提出反驳意见,即便明知自己的方案有缺陷也要强硬推行。这在无形中也失去了同事间合作的诚信、沟通的诚信。自我意识强本不是坏事,但不能因自我意识过剩而忽略了团队,忽略了一个团队同事间的诚信。

### 误区六:实在就是诚信

有的人把实在当诚信,认为做老好人,不得罪人,不做错事,就是讲诚信。表面上看,大家一团和气,团队气氛很好,但实际的工作效益和业绩却不见得高。如果一个人对错误的方案也不提反对意见,最终损害的必将是自己的诚信。有的人会说:你看我,不弄虚作假,不隐瞒欺诈,别人问什么我全告诉人家,别人交给我的事我都应承着,尽力帮别人做,难道这不叫诚信吗?其实这是走向了对诚信认识的另一个极端。每个企业、每个部门的工作中,有一些内容是不能轻易告诉其他部门同事的。如果你把不该让别人知道的内容告诉别人,这是违反职业操守的,同样也是不诚信的表现。而且,别人的工作找你帮忙,你都应承下来,那你自己的工作也不容易兼顾。因此,一个人很"实在",只能说明此人有一定的诚信品格,但不能简单地认为他是全然诚信的。

(资料来源:https://www.docin.com/p-363270144.html)

## 徙 木 立 信

春秋战国时,秦国的商鞅在秦孝公的支持下主持变法。当时正值战争频繁、人心惶惶之际,为了树立威信、推进改革,商鞅下令在都城南门外立一根三丈长的木头,并当众许下诺言:谁能把这根木头搬到北门,就赏金十两。围观的人不相信如此简单的事能得

到如此高的赏赐,没人肯出手一试。于是,商鞅将赏金提高到五十两黄金。重赏之下必有勇夫,终于有人站出来将木头扛到了北门。商鞅立即赏了他五十两黄金。商鞅这一举动,在百姓心中树立起了威信,而商鞅接下来的变法就很快在秦国推行开了。新法使秦国渐渐强盛,这是秦国最终能统一六国的重要原因。

(资料来源:https://www.sohu.com/a/495029849_650519)

# 任务三
# 敬业——事业进步的必要阶梯

## 一、敬业的含义

敬业是一个道德范畴,是一个人对自己所从事的工作负责的态度,是人们基于对一件事情、一种职业的热爱而产生的一种全身心投入的奉献精神,是社会对人们工作态度的一种道德要求,它的核心是无私奉献。低层次的、功利目的的敬业,是由外在压力产生的;高层次的、发自内心的敬业,是把职业当作事业来对待,而由此产生内在驱动力。

具体地说,敬业是一种素质、一种精神,是在职业活动领域树立主人翁的责任感、事业心,追求崇高的职业理想;培养认真踏实、恪尽职守、精益求精的工作态度;力求干一行爱一行专一行,努力成为本行业的行家里手;摆脱单纯追求个人和小集团利益的狭隘眼界,具有积极向上的劳动态度和艰苦奋斗精神;保持高昂的工作热情和务实苦干精神,把对社会的奉献和付出看作无上光荣;自觉抵制腐朽思想的侵蚀,以正确的世界观、人生观和价值观指导和调控职业行为。

## 二、敬业的基本要求

南宋理学家朱熹认为,敬业就是"专心致志,以事其业",即用一种恭敬严肃的态度对待自己的工作,认真负责,一心一意,任劳任怨,精益求精。其精神实质体现在以下五个方面:

(1) 有明确的职业理想,热爱本职工作,忠于职守,持之以恒;
(2) 有强烈的事业心,尽职尽责,全心全意为人民服务;
(3) 有勤勉的工作态度,脚踏实地,无怨无悔;
(4) 有积极的进取意识,不断创新,精益求精;
(5) 有无私的奉献精神,公而忘私,忘我工作。

我们每个人正在做的事,归根结底都是在为自己建造一座"房子"。如果我们不肯努力去做,那么我们最后只能住进自己为自己建造的最粗糙的"房子"里。平凡孕育伟大,如果你真正珍惜自己的生命,就请立足于平凡,忠于职守,脚踏实地,精益求精,尽职尽责,做好自己岗位上的工作吧。

 **相关链接**

**测试面试者敬业的面试题**

**例题1:在工作中,你有没有做过一些分外的工作?为什么要这么做?**

回答示例:

(1)做过。我认为我们应该全力以赴把它做好。因为身在职场,很多人每天做的都是一些基础的重复性很强的工作,如果我们能够有机会接触到本职工作以外的拓展工作,那么对我们更好地完成本职工作,更全面地认识本职工作将有巨大的好处。换句话说,这是增强个人能力、提升个人竞争力的绝好机会,一定要把握住。

(2)做过。我认为我们应该在精力允许的情况下,尽可能地做好。一方面,这是自己了解公司文化,了解公司其他岗位的工作内容的好机会;另一方面,这也是锻炼个人其他能力的机会。现在这个到处流行"斜杠"的年代,谁会觉得自己会的技艺多呢?不过话说回来,完成"分外工作",一定要在本职工作已经做好的前提下进行,要不然,给别人留下本末倒置的印象,就得不偿失了!

**例题2:你的职位很高,但是有一天公司忽然把你调到另外一个部门,让你从头做起,你会怎么办?**

回答示例:

(1)调整好自己的心态。公司把自己调到另一个部门,这是对自己充分的认可和信任。从价值匹配的角度来说,公司这么多人,唯独调用自己,说明自己是符合新岗位要求的,要相信自己是能够胜任的。

(2)在职场中,面对新的岗位,从内心来说,没人能提前百分之百肯定自己可以做得非常优秀,但既然公司给了自己平台,也会给自己试错的机会。退一万步来讲,自己没有把新工作做好,那又能怎么样呢?最起码自己经历过这个岗位,而自己又肯定会全力以赴去做,那就不要去在意结果了。将心态放平和,一步一个脚印即可。

**例题3:如果你和一位同事发生了矛盾,恰好有一位客户来找他,而他又不在,你会怎么做?**

回答示例:

我首先会请这位客户到接待室,做好茶水工作,让他稍事等待,并尽快通知同事来接待,让客户没有被冷落的感觉;如果同事实在有事脱不开身,我会将客户反映的事情做好记录,等同事回来以后交给他。总之,在紧急的情况下请其他同事协助,在做好本职工作的基础上,积极地协助同事做好工作。

## 三、敬业的基本内容

培育敬业精神,要求正确处理和职业所联系的责、权、利的关系。认同和追求岗位的社会价值,是敬业精神的核心。如果没有任何认同,就不会有尊重和忠于职业的敬业精神,而认可程度不同,也会产生不同的敬业态度。因此,培育敬业精神,首先应突出以下六个方面的内容。

### (一)牢固树立职业理想

职业理想是敬业精神的思想基础。每名员工都应把自己的职业看成是为社会做贡献、为人民谋福利、为企业创信誉的光荣事业,是社会、企业运转链条上的重要环节。只有这样,才能树立起富有时代精神、健康向上的职业理想和目标,并以最顽强、最持久的职业追求把它落实在具体岗位上。

### (二)准确设定岗位目标

高标准的岗位目标是干好本职工作,争创一流的动力。有了岗位目标,才能做到勤奋敬业,才能在本职工作岗位上创造性地开展工作。

### (三)大力强化职业责任

发挥本职岗位的职能,坚定职业目标,完成岗位任务,遵守职业规则,承担社会责任,实现本岗位、本职业与其他岗位、职业的有序合作,是职业责任的全部内涵。职业责任是主人翁意识的体现,作为企业的一员,应视企业发展为己任,自觉履行职业责任和义务,大力强化职业责任。

### (四)自觉遵守职业纪律

自觉遵守职业道德规范、企业的各项规章制度,是职业纪律的基本内容。自觉遵守、规范执行职业纪律是维护企业正常工作秩序的重要保证。

### (五)不断优化职业作风

职业作风是敬业精神的外在表现。敬业精神的有无决定着职业作风的优劣,而职业作风的优劣又直接影响着企业的信誉、形象和效益。从某种意义上讲,职业作风关系到企业的兴衰成败。优化职业作风,就要反对腐败,纠正行业不正之风,以职业道德规范职业行为。

## （六）全面提高职业技能

企业内部要营造浓厚的学习氛围，促使员工不断掌握新技术、新工艺，不断增强技术业务能力，不断更新知识结构，不断提高管理水平，努力成为本单位的业务骨干和技术尖兵，以过硬的职业技能实践敬业精神，为企业创效益、树效益、争市场。

 拓展阅读

### "差不多先生"的悲剧

在工作中，很多人不求进取，马马虎虎，得过且过，对存在的问题懒得思考，看到隐患不去消除，总觉得"差不多"解决了就行。

每个企业都可能存在这样的员工：他们每天按时打卡，准时出现在办公室，但是没有及时完成工作；每天早出晚归、忙忙碌碌，却不愿精益求精。对他们来说，工作只是一种"差不多"。几十年前，胡适先生写了一篇《差不多先生传》，深刻地描绘了这种心理：

你知道中国最有名的人是谁？

提起此人可谓无人不知，他姓差，名不多，是各省各县各村人氏。你一定见过他，也一定听别人谈起过他。差不多先生的名字天天挂在大家的口头上，因为他是全国人的代表。

"差不多先生"的相貌和你我都差不多。他有一双眼睛，但看得不很清楚；有两只耳朵，但听得不很分明；有鼻子和嘴，但他对于气味和口味都不很讲究；他的脑子也不小，但他的记性却不很精明，他的思想也不很缜密。

他常常说："凡事只要差不多就好了，何必太精明呢？"

他小的时候，妈妈叫他去买红糖，他却买了白糖回来。妈妈骂他，他摇摇头道："红糖和白糖不是差不多吗？"

他在学堂的时候，先生问他："直隶省的西边是哪一个省？"他说是陕西。先生说："错了，是山西，不是陕西。"他说："陕西同山西不是差不多吗？"

后来他在一个钱铺里做伙计，他也会写，也会算，只是总不精细，"十"字常常写成"千"字，"千"字常常写成"十"字。掌柜的生气了，常常骂他，他只是笑嘻嘻地说："'千'字比'十'字只多一小撇，不是差不多吗？"

有一天，他为了一件要紧的事，要搭火车到上海去。他从从容容地走到火车站，结果迟了两分钟。火车已在两分钟前开走了。他白瞪着眼，望着远去的火车上的煤烟，摇摇头道："只好明天再走了，今天走同明天走，也还差不多。可是火车公司未免也太认真了，8点30分开同8点32分开，不是差不多吗？"他一面说，一面慢慢地走回家，心里总不很明白为什么火车不肯等他两分钟。

有一天，他忽然得了一种急病，叫家人赶快去请东街的汪大夫。家人急急忙忙地跑

去,一时寻不着东街的汪大夫,就把西街的牛医王大夫请来了。"差不多先生"病在床上,知道寻错了人,但病急了,身上痛苦,心里焦急,等不得了,心里想道:"好在王大夫同汪大夫也差不多,让他试试看吧。"于是这位牛医王大夫走近床前,用医牛的法子给"差不多先生"治病。不一会儿,"差不多先生"就一命呜呼了。

"差不多先生"差不多要死的时候,断断续续地说道:"活人同死人也差……差……差……不多……凡事只要……差……差……不多……就……好了,何……何……必……太……太认真呢?"他说完这句话,方才绝气。

"差不多"心理并没有随着时间的流逝而消失,而是依然普遍存在。"差不多"所反映的问题是没有认识到工作的重要性,做事不认真、不负责任、对自己要求不够严格、没有更高目标。

密斯·凡·德罗是20世纪世界四位最伟大的建筑师之一,他在描述自己成功的原因时反复强调,不管你的建筑设计方案如何恢宏大气,如果对细节的把握不到位,就不能称之为一件好作品。细节的准确、生动可以成就一件伟大的作品,细节的疏忽则会摧毁一个宏伟的规划。

"差不多"心理要不得!我们每个人、每个企业,都要努力避免陷入这个误区。无论做什么事情,都要多问几次:"真的可以'差不多'吗?差的那一点会给自己、给公司、给顾客带来什么害处?"

消灭"差不多"心理,强化自己的责任意识,并不是一个不可实现的梦。有时,我们所缺少的不是技术、设备、流程和理念,而是敬业精神,是消灭这种"差不多"心理的决心。只要我们每个人都抱有消灭"差不多"的决心,把事情尽可能地做到尽善尽美,那么,公司的发展和自己的成长就指日可待。

(资料来源:杨建刚,何伟,《敬业精神:优秀员工的职业基准》,中华工商联合出版社,2007年)

## 四、敬业精神的培养

西方有句古老的谚语说:"我们都是习惯的产物。"(Humans are creatures of habit.)这种说法是千真万确的,因为所有人在生活中都是遵从某种习惯的。把敬业变成习惯的人,从事任何行业都容易获得成功。所以,每一名员工都需要注意以下三点,培养敬业精神。

### (一)认同所就职的企业

对于员工来说,接受并认同企业是热爱企业的前提,也是为企业付出的前提,更是实现自我发展的前提。员工只有通过企业这个平台才能更好地发挥自己的特长,假如没有这个平台,员工就没有用武之地,即使你才高八斗、学富五车,也无法施展。所以,要认同自己就职的企业,这是保证自己勤勉工作的根本所在,也是一个员工生存和发展的必然要求。

员工要想在企业生存下去、发展下去,首先要认同所就职的企业,只有认同自己所在的企业,才能更好地接受并热爱它,才能为工作甘于奉献,才能让自己感觉到付出的一切都是有价值的。这样,即使再苦再累也不会抱怨和后悔;这样,才能自觉地站在企业的角度去思考问题,做到忠诚敬业,进一步取得事业的成功。

### (二) 树立主人翁意识

英特尔公司前CEO安迪·葛洛夫(Andy Grove)应邀为加州大学伯克利分校毕业生演讲,他提出这样的建议:"不管你在哪儿工作,都别把自己当成员工——应该把企业看作是自己的。"很显然,以主人翁的心态对待企业,你就会成为一个值得企业领导信赖的人,一个可以成为领导得力助手的人。

某大型公司在对员工进行企业核心价值观培训时,培训讲师讲了这样一个故事:新娘过门当天,发现新家有老鼠,笑道:"你们家居然有老鼠!"第二天早上,新郎被一阵追打声吵醒,只听见新娘在叫:"死老鼠,打死你!打死你!居然敢偷吃我们家的大米。"

讲到这儿,讲师自然地点出了要旨:每名员工进入公司后,都应有"过门心态",树立主人翁意识,处处都站在企业的立场上,以老板的心态去想问题,尽职尽责,全力以赴。企业自然需要忠诚敬业的员工,而员工也需要通过企业这个平台来发挥自己的聪明才智,实现自己更大的价值。

### (三) 自觉维护公司形象

我们生活在社会中,所在的企业就像自己的名片一样。企业有了良好的社会声誉才能在激烈的市场竞争中生存和发展,个人的价值也才能因此得到实现。如果企业的声誉、形象受到损害,个人的价值也因此会受到损害。

荷兰飞利浦电子集团前总裁田思达曾说:"目标、信念与人三位一体,形成企业形象,而企业形象,实质就是企业员工个人形象的集合。作为企业的一员,精心维护企业形象当责无旁贷。"他还讲到一个案例:"有一天,我碰到一个熟人,他一向很注重个人形象,那天却是鼻青脸肿的,好像跟人打架了一样。我问他是怎么回事,他说:'碰到两个人诋毁我的公司,说一些不实的言论,于是忍不住就和那两个人理论,没想到那两个人竟然动手了。'我说:'你怎么不还手啊,两个人也不至于把你打成这样啊?''我要是真跟他们打起来,那还不真像他们说的那样啊,那不是给我们公司的脸上抹黑吗?'"

## 五、工匠精神

工匠精神,英文是craftsman's spirit,它是职业道德、职业能力、职业品质的体现,是从业者的职业价值取向和行为表现。工匠精神的基本内涵包括敬业等方面的内容。

曾经,工匠是中国老百姓日常生活必不可少的职业,如木匠、铜匠、铁匠、石匠、篾匠等,各类手工匠人用他们精湛的技艺为传统生活图景定下底色。随着农耕时代结束,社会进入后工业时代,一些与现代生活不相适应的老手艺、老工匠逐渐淡出日常生活,但工匠精神永不过时。

### (一) 个人层面

工匠精神落在个人层面,体现为一种敬业精神。其核心是不仅仅把工作当作赚钱养家糊口的工具,还要树立起对职业敬畏、对工作执着、对产品负责的态度,极度注重细节,不断追求完美和极致,将一丝不苟、精益求精的工匠精神融入每一个环节,做出打动人心的一流产品,给客户无可挑剔的体验。与工匠精神相对的,则是"差不多精神"——满足于90%,差不多就行了,而不追求100%。我国制造业存在大而不强、产品档次整体不高、自主创新能力弱等问题,多少与工匠精神稀缺、"差不多精神"冒头有关。

### (二) 企业家层面

工匠精神落在企业家层面,体现为一种企业家精神,具体而言,表现在以下三个方面:第一,创新是企业家精神的内核。企业家通过从产品创新到技术创新、市场创新、组织形式创新等方式追求全面创新,从创新中寻找新的商业机会,在获得创新红利之后,继续投入、促进创新,形成良性循环。第二,敬业是企业家精神的动力。有了敬业精神,企业家才会有全身心投入企业中的不竭动力,才能够把创新当作自己的使命,才能使产品、企业拥有竞争力。第三,执着是企业家精神的底色。在经济处于低谷时,其他人也许选择退出,唯有企业家不会退出。改革开放四十多年来,我国涌现出大批有胆有识、有工匠精神的企业家,使"中国制造"誉满全球。

 拓展阅读

#### 新时代的"工匠精神":三位一线工匠的故事

他们虽然没有专家、工程师的响亮头衔,却有着非凡的实践技能和过硬的创新本领,凭借着十年磨一剑般的钻研精神和那股不达目的不服输的劲头,在平凡岗位上创造出不平凡的业绩。

"天下大事,必作于细"。执着专注、精益求精、一丝不苟、追求卓越的工匠精神,既是中华民族工匠技艺世代传承的价值理念,也是我们开启新征程,从制造业大国迈向制造业强国的时代需求。

三位来自湖北省武汉市东湖新技术开发区联想武汉产业基地的产业技术一线老工匠,通过讲述自己真实的创新故事,完美演绎新时代技术工人精耕细作的"工匠精神"。在这个温暖的春天,让我们追随这些劳动者的步伐,聆听他们平凡却又不凡的故事,向

劳动者致敬。

### 李贵成：电工大拿"临危受命"确保设备安全"零"事故

在武汉产业基地有这样一位被大伙熟知的设备安全守护者，他叫李贵成。李贵成一直保持着289台设备线路安全"零"事故的记录，在过去9年时间里，他参与了15个厂级改善项目，也因此积累了丰富的电工专业知识。

"因为我是搞设备服务的，搞设备这一行，我喜欢钻研。"采访伊始，李贵成就亮明了自己的制胜法宝。

据他回忆，建厂初期，整个厂区里桥架一片空白，没有桥架意味着生产过程中设备线路完全暴露在外，极易造成安全隐患。上级把他叫到办公室，要求两周内一次性架起24个桥架，满足生产需要。

"当时条件极其有限，最大的难题就是没有合适的材料，技术方面很短缺。"临危受命，李贵成很快组建了一个6人小组"突击队"，夜以继日地作业，一项一项地解决困难，没有材料他们就利用原来供应商不要、剩下来的旧材料进行加工处理，研究出了一系列方便、快捷和安全的架桥架新方法。

"整整两个星期我们利用所有原供应商不要的材料进行手工打造，最终24个桥架按时按点完成交付使用。"

每当回想这段往事，李贵成心里仍自豪满满。多年来正是凭借着这股子拼劲和闯劲，他才成为大家公认的电工大拿。

### 刘元刚：主板维修"门外汉"变身质量控制"把关人"

随着通信技术的升级换代，各种电子元器件电路信号交联数目庞大，系统复杂度呈指数式增加，主板维修集成度高，修理难度大，多件产品故障排除一度成为业界拦路虎。

在联想工作16年的刘元刚主动挑起这份重担。他告诉记者，如果把主板维修比作是给病人治病，如何快速判断"患者"生了什么病，而且能马上把"病灶"切除是制胜的关键，而电流类缺陷板的诊断就好比"疑难杂症"中的杂症。通常维修好一台电流缺陷板，大家会先用手挨个触摸怀疑的芯片，观察其有没有发热迹象。如果没有发现，就只能"盲目"换料，维修成本高，且效率低。关键时刻，刘元刚迎难而上，通过对电路原理图的仔细研究摸索，自创了电流倒灌与压差法，并搭配红外热成像设备，极大程度提升了故障主板的诊断准确率，降低了主板报废及物料成本，攻克了板件测试难题。

而这一切都是从"0"开始。刚入厂时，刘元刚只是一名没有任何主板维修经验的"门外汉"，做学徒的前几年，由于没有什么基础，只能帮厂里的老师傅做一些力所能及的辅助活。

从主板维修"门外汉"变身质量控制"把关人"，除了刘元刚对业务的熟练程度高外，他参与武汉工厂的学历提升计划也起到了重要作用。早在2018年，他所在的单位就和武汉知名高等院校合作，利用高校的官方学习中心，给工厂员工提供学历提升平台。刘元刚顺利完成了华中科技大学的继续教育专科学历。此后的岁月里，他潜心学习，扎根生产一线,将理论与实践紧密结合,从认识各种类型的产品开始到精通主板上的元器件,熟悉工作原理,变身质量控制"把关人",如今成为行业内标杆式维修技术人才。

**甘友琴:上天钻地"女汉子"被称工厂"活地图"**

人们经常可以在车间、仓库、办公区等区域看到一位健步如飞的女工程师,时而跟电、气、网打交道,时而又跑工地指挥作业,工友们给她起了一个外号——上天钻地的"女汉子"。她就是甘友琴,主要负责厂房设施规划和现场改善。在武汉工厂工作的8年,她从一名基层班组长成长为专业的IE技能专精技师。

2019年,武汉工厂的车间、仓库、办公区等车间需要在原有基础上升级规划,除了要跟电、气、网打交道,还得天天跑工地做实地勘测。同组的6人中仅有甘友琴一位女性。

"在很长一段时间我都拿着一大本建设图纸穿梭在各车间,了解车间线体和机房的电、气、网、GPS、测试信号等配置要求,每天在车间至少走上2万步。对于隐蔽管线,我逐一核对和定位。"接受采访时甘友琴说,为了能够方便查找,她根据工厂建筑特点,创造了"甘氏标记法",结合网格法,使建筑中的1万多个水、电、气点和上千条电缆走向入心入脑。

"我相信在工作和技术上,没有男生女生之分,只有锲而不舍的钻研精神。"甘友琴介绍。如今厂区7栋建筑,20万平方米里每个车间多少面积,多少生产线,每条生产线多少网络和电气配置她均熟记于心,只要有新的规划和故障排查,她都能随时找到精准定位点。

勤能补拙,熟能生巧。6年下来,甘友琴虽然记不清自己写坏了多少支笔,走坏了多少双防静电鞋,却留下了6大本自己手写的工作笔记。这些笔记本在后来的工作中,都成了攻坚克难的制胜法宝。

渐渐地,工友嘴里那个"女汉子"的称号也变成了工厂活的"GPS"。

(资料来源:https://reader.gmw.cn/2022-05/05/content_35711181.htm)

## 项目训练

### 测测你的敬业程度有多高

测试一下你的个人敬业程度(就以下行为,对照自己的实际情况,分"完全符合""一般符合""不符合"三档,记录"不符合"的数量)。

1. 不拿公司的一针一线。
2. 在规定的休息时间结束之后,立即返回工作场合。
3. 一看到他人违反规定,立即向公司领导反映。
4. 凡与职务有关的事情,注意守密。
5. 不到下班时间,不离开工作岗位。

6. 不采取有损本公司声誉的行为，即使这种行为并不违反规定。
7. 自己有对本公司有利的意见或方法都提出来，不管自己是否获得相应的薪金。
8. 不泄露对竞争者有利的信息。
9. 注意自己和同事们的健康。
10. 接受更繁重的任务和更大的任务。
11. 在工作以外，不做有损本公司名誉的事情。
12. 只为本公司工作，不兼职其他公司的工作。
13. 对外界人士要说有利于本公司的话。
14. 在推进商业利益的团体和场合，要显得积极。
15. 把公司的目标放在与工作无关的个人目标之上。
16. 为了完成工作，在工作时间以外，自行加班加点。
17. 无论在工作中还是在工作以外，避免做出任何削弱本公司竞争地位的行为。
18. 用业余的时间研究与工作有关的信息。
19. 购买本公司的产品或服务，不买竞争者的产品或服务。
20. 保证本人家庭成员也采取有利于本公司的行动。
21. 凡是支持本行业和本行业的人，均投赞成票。
22. 为了工作绩效，要做到劳逸结合。
23. 在工作日的任何时间内及工作开始以前，绝对不喝烈酒。

**测试结果说明：**

"不符合"的有 6 个以上：敬业程度低下。你得好好反思自己的工作态度了。

"不符合"的在 3~5 个：敬业程度中等。属于无功亦无过的类型，认真发现自己的不足，努力完善，你能得到极大的提升。

"不符合"的在 1~2 个：敬业程度上等。好好努力，你会有更大的发展空间。

"不符合"的为 0 个：敬业程度卓越。你的工作精神值得敬佩，是员工的表率，坚持下去，定会大有作为。

（资料来源：李兴洲，单从凯，《职业核心素养教程》，北京理工大学出版社，2021 年）

 **项目回顾**

1. 职业核心道德素养的主要内容是什么？
2. 职业核心道德素养的基本要求是什么？
3. 培养职业核心道德素养有什么重要意义？

# 项目三

# 职业核心沟通素养

 项目导入

有效沟通——职场中的润滑剂

研发部梁经理进公司不到一年,工作表现颇受主管赞赏,不管是专业能力还是管理水平,都获得大家肯定。在他的缜密规划下,研发部一些推迟已久的项目,都在积极推进。

公司李副总发现,梁经理到研发部以来,几乎每天加班。他经常第二天上班看到梁经理电子邮件的发送时间是前一天晚上 10 点多,甚至当天早上 7 点多又发送了另一封邮件。梁经理总是下班时最晚离开,上班时第一个到。但是,即使是在工作吃紧的时候,其他同事都准时下班,很少有人跟着他留下来,平常也难得看到梁经理和他的下属或是同级主管进行沟通。

最近,大家似乎对梁经理的沟通方式颇有微词。李副总发觉,梁经理的下属逐渐失去向心力,不仅不配合加班,还只执行交办的工作,不太主动提出企划方案或问题。而其他同级主管,也不会像梁经理刚到研发部时,主动到他房间聊天,大家见了面,只是客气地点个头。开会时的讨论,也都是公事公办。这天,李副总刚好经过梁经理办公室门口,听到他打电话,讨论内容似乎和陈经理的业务范围有关。之后,他找到陈经理,问他是怎么一回事,明明两个主管的办公房间就在隔壁,为什么不直接走过去说,竟然是用电话谈。陈经理笑答,这个电话是梁经理打来的,梁经理似乎比较喜欢用电话讨论工作,而不是当面沟通。陈经理曾试着要到梁经理办公室谈,梁经理不是用最短的时间结束谈话,就是眼睛还一直盯着计算机屏幕,让他不得不赶紧离开。陈经理说,几次以后,他也宁愿用电话的方式沟通,免得让别人觉得自己过于热情。

了解这些情况后,李副总找梁经理聊了聊。梁经理觉得,效率应该是最高目标,所以他希望用最节省时间的方式达到工作要求。李副总以过来人的经验告诉梁经理,工

作效率固然重要,但良好的沟通会让工作进行得更顺畅。

启示

生活中的每一天我们都会与别人交流。沟通是我们工作、生活的润滑剂。案例中,梁经理不善于与人沟通,很容易导致上下级之间产生隔膜,影响团队的凝聚力,甚至影响工作的效率和质量。沟通是消除隔膜、达成共同愿景、朝着共同目标前进的桥梁和纽带。

## 项目目标

1. 了解沟通礼仪的概念、原则及沟通的常用礼仪。
2. 领会职场沟通艺术。
3. 灵活运用沟通策略解决人际沟通问题。

## 任务一
# 规范沟通礼仪

现代社会,不善于沟通将失去许多机会,同时也将导致自己无法与别人良好协作。你我都不是生活在孤岛上,只有与他人保持良好的协作,才能获取自己所需要的资源,才能获得成功。要知道,现实中很多成功者都是擅长人际沟通、珍视人际沟通的人。

一个人能够与他人准确、及时地沟通,才能建立起牢固、长久的人际关系,进而能够使自己在事业上如虎添翼,最终取得成功。

## 一、沟通礼仪概述

### (一) 沟通礼仪的定义

什么是礼仪?根据《现代汉语词典(第7版)》解释,"礼仪"的意思是礼节和仪式。"礼仪"一词出自《诗经·小雅·楚茨》:"献酬交错,礼仪卒度。"古人云:"礼者,敬人也。"(《荀子·礼论》)礼仪是在社会交往中,人们由于受到风俗习惯、历史传统、宗教信仰、时代潮流等因素影响而形成的,以建立友好和谐关系为目的,被大众认可又被遵守的行为准则和规范的总和。礼仪不仅是一种待人接物的行为准则与规范,更是一种交往的艺术。

沟通礼仪是我们在沟通过程中需要遵循的具体礼仪规范,主要包括称呼礼仪、介绍礼仪、名片礼仪、表情礼仪等。

### (二) 沟通礼仪的原则

沟通礼仪有四大原则,分别是敬人原则、自律原则、适度原则、真诚原则。一是敬人原则。敬人者,人恒敬之,尊敬他人,也是尊重自己的表现。二是自律原则。就是在交往过程中要克制自己,慎重且积极主动,自觉自愿地礼貌待人,表里如一,自我对照、自我反省、自我要求、自我检点、自我约束,不能妄自尊大,口是心非。三是适度原则。沟通要适度得体,掌握分寸。四是真诚原则,即对人诚心诚意,以诚相待,不逢场作戏,言行不一。

## 二、沟通常用礼仪

### （一）称呼礼仪

人与人打交道时，相互之间要使用一定的称呼。不使用称呼，或者使用称呼不当，都是一种失礼的行为。所谓称呼，通常是指在日常交往中，人们彼此之间所使用的称谓语。职场员工需要注意的是，选择正确、适当的称呼，不仅反映自身的教养和对被称呼者尊重的程度，而且在一定程度上还体现双方之间关系的亲疏。从某种意义上讲，当一个人称呼另外一个人时，实际上意味着自己主动地对彼此之间的关系进行定位。

相关链接

职场中常用的称呼

在职场上，员工所采用的称呼理应正式、庄重而规范。它们大体上可分为下述四类。

**1. 职务性称呼**

在工作中，以交往对象的行政职务相称，以示身份有别并表达敬意，这是公务交往中最为常见的。在实践中，具体又可分为如下三种情况：

一是仅称行政职务，例如，董事长、总经理、主任等。它多用于熟人之间。

二是在行政职务前加上姓氏，例如，谭董事长、汪经理、李秘书等。它适用于一般场合。

三是在行政职务前加上姓名，例如，王惟一董事长、滕树经理、林荫主任等。它多见于极为正式的场合。

**2. 职称性称呼**

对于拥有中、高级技术职称者，可在工作中直接以此相称。在有必要强调对方的技术水准的场合，尤其需要这么做。通常，它亦可分为以下三种情况：

一是仅称技术职称，例如，总工程师、会计师等。它适用于熟人之间。

二是在技术职称前加上姓氏，例如，谢教授、严律师等。它多用于一般场合。

三是在技术职称前加上姓名，例如，柳民伟研究员、何娟工程师等。它常见于十分正式的场合。

**3. 学衔性称呼**

在一些有必要强调科技或知识含量的场合，可以学衔作为称呼，以示对对方学术水平的认可和对知识的强调。它大体上有下面四种情况：

一是仅称学衔，例如，博士。它多见于熟人之间。

二是在学衔前加上姓氏,例如,侯博士。它常用于一般性交往。

三是在学衔前加上姓名,例如,侯钊博士。它仅用于较为正式的场合。

四是在具体的学衔之后加上姓名,明确其学衔所属学科,例如,经济学博士邹飞、工商管理硕士马月红、法学学士衣霞等。此种称呼显得最为郑重其事。

#### 4. 行业性称呼

在工作中,若不了解交往对象的具体职务、职称、学衔,有时不妨直接以其所在行业的职业性称呼或约定俗成的称呼相称。它多分为下述两种情况:

一是以其职业性称呼相称。在一般情况下,常以交往对象的职业称呼对方。例如,称教员为老师,称医生为大夫,称驾驶员为司机,称警察为警官等。此类称呼前,一般均可加上姓氏或姓名。

二是以其约定俗成的称呼相称。例如,对公司、服务行业的从业人员,人们一般习惯于按其性别不同,分别称之为"小姐"或"先生"。在这类称呼前,亦可冠以姓氏或姓名。

(资料来源:https://wenku.baidu.com/view/849508d1bfd5b9f3f90f76c66137ee06eef94e30?fr=sogou.)

### (二)介绍礼仪

所谓介绍,通常指在人们初次相见时,经过自己主动沟通,或者借助第三者的帮助,从而使原本不相识者彼此之间有所了解,相互结识。由此可见,人际沟通大都始于介绍。在公务活动中,如能正确地运用介绍礼仪,既可以使自己多交朋友、扩大交际圈,又可以适当地展示自我,促进自己与交往对象之间的相互沟通。

根据介绍者具体身份的不同,介绍可分为介绍自己、介绍他人、介绍集体三种,它们的具体操作方式各有不同。

#### 1. 介绍自己

介绍自己,亦称自我介绍。顾名思义,就是当自己与他人初次相见时,由自己充当介绍者,自己把自己介绍给别人,以便对方认识自己,或者借此认识对方。在人际交往中,介绍自己是人们使用最多的一种介绍方式。对员工而言,在介绍自己时,在礼仪规范方面主要应注意下述三个方面的问题。

(1)介绍自己的时机

在公务交往中,何时有必要向他人介绍自己呢?掌握自我介绍的时机,是一个颇为复杂的问题,它涉及具体的时间、地点、当事人、旁观者及其相互之间的互动等种种因素。就一般状况而言,每一名员工在下述时机都有必要向他人介绍自己:

一是希望他人结识自己。让他人了解自己的最佳方式,就是主动把自己介绍给对方。此种自我介绍称作主动型自我介绍。

二是他人希望结识自己。当别人表现出想了解自己的意图时,就有必要进行自我介绍。此种自我介绍称作被动型自我介绍。

三是希望自己结识别人。所谓"将欲取之,必固与之"(《道德经·三十六》),想要结识别人的一大妙法,就是先向对方介绍自己,以取得对方的回应。此种自我介绍称作交互型自我介绍。

四是确认他人熟悉自己。有时,担心他人健忘或不完全掌握自己的情况,则不妨再次向对方简要介绍一下本人的基本情况。此种自我介绍称作确认型自我介绍。

(2) 介绍自己的内容

介绍自己时,其具体内容往往多有不同。在一般情况下,自我介绍的内容应当兼顾实际需要、双边关系、所处场合等要素,并应具有一定针对性。若以基本内容进行区分,自我介绍可分为下述四种:

一是应酬式。有时,面对泛泛之交、不愿深交者,或有必要再次向他人确认自己时,可使用应酬式自我介绍。其内容最为简洁,通常只有姓名一项即可。例如:①你好!我的姓名是席菁。②我叫厉大志。

二是问答式。在一般性的人际交往中,对他人需要了解的本人情况,必须有问必答。此即所谓问答式自我介绍。它的要求是:被问什么,则答什么。例如:①某甲问:先生,你好!你如何称呼?某乙答:你好!我叫杨舟。②某甲问:小姐,你在哪里高就?某乙答:我在大海集团人力资源部供职,我是那里的经理。

三是交流式。在社交场合里,需要与他人进行进一步交流时,不妨就交往对象有可能感兴趣的问题,向对方择要介绍。其主要内容有籍贯、学历、兴趣等。有时,它也被称为交际式自我介绍。例如:①我叫钱飞飞,上海人。我见你在用CD机听评弹,我想你也是上海人吧?②我叫冯亦非,毕业于中国人民大学。听说我们是校友,是吗?

四是工作式。在工作场合,自我介绍亦应公事公办。其主要内容应包括单位、部门、职务、姓名四项。它被称作工作式自我介绍,亦称公务式自我介绍。例如:①你好!我是××公司销售部副经理李玉。②我叫傅元,××股份有限公司总经理。

(3) 介绍自己的方式

进行自我介绍时,对下述四点必须认真注意,如此方能使自己表现得体,不失分寸。

一是见机行事。自我介绍一定要见机行事,当交往对象有此兴趣、情绪良好或外界影响较少时,都是进行自我介绍的良机。

二是实事求是。自我介绍必须实事求是。介绍自己时,既不宜过分谦虚,贬低自己,也没有必要自吹自擂,夸大其词。必要时,不妨在进行自我介绍前先向交往对象递上一张自己的名片,以供对方参考。

三是态度大方。在介绍自己时,介绍者一定要保持大方而自然的态度,以求给人以见多识广、训练有素之感。为此,在自我介绍时,语气要平和,语音要清晰,语速要正常。切勿敷衍了事、生硬冷漠,或矫揉造作、虚张声势,或畏首畏尾。

四是控制介绍内容。介绍自己时,必须有意识地控制具体内容。若无特殊要求,自我介绍的内容一定要力求简明扼要,努力做到长话短说,废话不说。大体上讲,一般的

自我介绍应限定在一分钟之内结束。

### 2. 介绍他人

在公务交往中,除了介绍自己之外,往往还有必要介绍他人。介绍他人,又称第三者介绍,它指的是由第三者替彼此不认识的双方所进行的介绍。在介绍他人时,替他人进行介绍的第三者为介绍者,而被介绍的双方则为被介绍者。

在绝大多数情况下,介绍者应对被介绍者双方一一进行具体的介绍。在个别时候,亦可只将被介绍者中的一方介绍给另外一方,但那样做的前提是前者认识后者,而后者却不认识前者。在公务交往中,介绍他人大都应当对以下四个方面的具体问题予以重视。

(1) 谁充当介绍者

需要介绍他人时,由谁来充当介绍者是颇有讲究的。在一般情况下,公务交往中的介绍者应由下述人员担任。

一是专司其职者。在绝大多数时候,介绍者应由本单位专门负责此项事宜的有关人员担任,例如,秘书、办公室主任、公关礼宾人员或专职接待人员等。

二是业务对口者。在外单位人员来访,而对方又与我方其他人员互不认识的情况下,则由与对方有业务联系的本单位人员担当介绍者。

三是身为主人者。当来自不同单位的客人互不认识时,则主办方人员应主动充当介绍者。

四是身份最高者。假定来访的客人身份较高,本着身份对等的惯例,一般应由东道主一方在场人士中的身份最高者来担任介绍者,以示对被介绍者的重视。

(2) 被介绍者的意愿

替他人进行介绍之前,介绍者有时需要事先征得被介绍者双方的首肯,以防止被介绍者双方早已认识,不需要再介绍,或者被介绍者之中的一方不希望结识另外一方等情况出现。

有的时候,被介绍者之中的一方可能会主动要求介绍者把自己介绍给另外一方。此刻,介绍者一定要想方设法,玉成此事。

在正常情况下,征求被介绍者双方是否乐于被介绍给某人的意见时,通常应当先征求身份较高者的意见,后征求身份较低者的意见,并且应当优先考虑前者的个人意愿。

(3) 介绍时的顺序

替他人作介绍时,被介绍双方的前后顺序往往最为讲究。根据礼仪规范,处理这一问题时,应遵循尊者拥有优先知情权的原则,即在介绍他人时,应首先介绍身份较低者,然后介绍身份较高者,以便使后者优先了解前者的具体情况。根据以上原则,替他人进行介绍时的具体顺序大致分为以下三种:

一是在公务场合。在公务场合,需要介绍职务较高者与职务较低者时,应首先介绍职务较低者,然后介绍职务较高者;需要介绍上级与下级时,则应首先介绍下级,然后介绍上级。

二是在社交场合。在社交场合,需要介绍女士与男士时,应首先介绍男士,然后介绍女士;需要介绍长辈与晚辈时,应首先介绍晚辈,然后介绍长辈;需要介绍已婚者与未婚者时,应首先介绍未婚者,然后介绍已婚者。

三是接待来访者。在接待来访者时,倘若需要为宾主双方之中的互不相识者进行介绍,一般均应首先介绍主方人士,然后介绍客方人士,而不必兼顾其他因素。

(4) 介绍时的内容

为他人进行介绍时,不仅应注意前后顺序,而且还应当斟酌介绍的具体内容。通常,替他人进行介绍的具体内容有以下四种基本模式:

一是标准式。它适用于各种正规场合,基本内容应包括被介绍双方的单位、部门、职务与姓名。例如,我来介绍一下,这位是××集团总经理金光夏先生。这位是××公司董事长朱珠小姐。

二是简介式。它适用于一般性的交际场合,其内容往往只包括被介绍者双方的姓名,有时甚至只提到双方的姓氏。例如,我想替两位作作介绍。这一位是小赵,这一位是老贺。大家认识一下。

三是引见式。它多用于普通的社交场合。介绍者在介绍时只需要引荐被介绍者双方,而往往不需要涉及任何具体的实质性内容。例如,两位想必还不认识!大家其实都是同行,只不过以前不曾相识。现在请你们自报家门吧!

四是强调式。它多见于一些交际应酬之中,其内容除被介绍者双方的姓名外,通常还会刻意强调其中一方或双方的某些特别之处。例如,这位是日本大德公司的徐力健先生,这位是《××报》的记者黄丹丹小姐。顺便提一下,黄丹丹小姐是我的外甥女。

### 3. 介绍集体

介绍集体,又称为集体介绍,实际上是介绍他人的一种特殊情况。它指的是介绍者在具体介绍他人时,被介绍者之中的一方或双方不止一人。在实践中,集体介绍大致上又可分为下述两种情况:其一,被介绍者双方均不止一人。其二,被介绍者一方不止一人。介绍集体时,通常应重视下列两个方面的具体问题。

(1) 介绍的顺序

介绍集体时,其先后顺序大都可以比照介绍他人时的规则进行。此外,还有下述三种方法可以参考:

一是单向式。单向式介绍,有时亦称少数服从多数。当被介绍者双方一方为一人,另一方为多人时,往往应当前者礼让后者,即只将前者介绍给后者,而不必再向前者一一介绍后者。

二是概括式。当被介绍者双方均人数较多,而又确无必要对其逐一加以介绍时,不妨酌情扼要地介绍一下双方的概况。这就是概括式介绍。例如,介绍一下,这些人都是我的家人,这几位是我生意上的伙伴。

三是尊卑式。尊卑式多见于正式的公务交往中。在为双方均不止一人的被介绍者进行介绍时,不仅需要先介绍位卑的一方,后介绍位尊的一方,而且在介绍其中任何一方时,均应由尊而卑地逐一介绍其具体人员。例如,各位来宾,这些都是我们上海××公司的负责人。这位是××公司的副总经理麦克先生,这位是××公司的总经理助理熊艳小姐,这位是××公司的财务总监姚齐先生。各位同仁,这些都是来自厦门××集团的客人们。这位是××集团的CEO蓝天先生,这位是××集团销售部经理严莉小姐。

(2) 介绍的态度

进行集体介绍时,介绍者在态度上应注意两点:

一是平等待人。进行具体介绍时,对被介绍者双方一定要平等对待。不论介绍的态度、内容还是其他方面,均应有规可循,切忌厚此薄彼。

二是郑重其事。介绍集体时,一定要表现得庄重大方,给人以郑重其事之感。此刻不宜乱开玩笑,或显得过于随意。

## (三) 表情礼仪

表情是人的心理状态的外在表现。人们在传达一个信息的时候,视觉信号占55%、声音信号占38%、文字信号占7%。表情礼仪包括眼神礼仪、微笑礼仪。

### 1. 眼神礼仪

眼神是面部表情的核心。在交往时,眼神是一种真实的、含蓄的语言,从一个人的目光中,可以看到他的整个内心世界。作为良好的交际形象的重要组成部分,目光应该是坦诚、亲切、友善、炯炯有神的。眼神的运用要注意时间、部位、方式等方面。

(1) 视线接触时间

在交谈中,听的一方通常应多注视说的一方,目光与对方接触的时间一般占全部相处时间的三分之一。

① 表示友好。应不时地注视对方。注视对方的时间约占全部相处时间的三分之一左右。

② 表示重视。应常常把目光投向对方那里。注视对方的时间约占全部相处时间的三分之二左右。

③ 表示轻视。目光游离,注视对方的时间不到全部相处时间的三分之一。

④ 表示敌意。目光始终停留在对方身上,注意对方的时间占全部相处时间的三分之二以上,被视为有敌意,或有寻衅滋事的嫌疑。

⑤ 表示感兴趣。目光始终停留在对方身上,偶尔离开一下,注视对方的时间占全部相处时间的三分之二以上。

(2) 注视的部位

① 公务凝视(严肃感)。在磋商、谈判等洽谈业务的场合,眼睛应看着对方双眼或双眼到额头之间的区域。

② 社交凝视（舒适感）。在茶话会、友谊聚会等场合，眼睛应看着对方双眼到唇心这个三角区域。

③ 亲密凝视（亲近感）。在亲人、恋人和家庭成员之间，目光应注视对方双眼到胸部第二颗纽扣之间的区域。

(3) 注视的方式

① 直视型：直视对方，使对方有紧迫感，不适合用于初次见面或不太熟悉的人。警官、法官适用这种目光注视犯人。

② 他视型：与对方讲话，但眼睛却望着别处，容易使对方误以为不愿意与他讲话，害羞除外。

③ 转换型：在与对方讲话时眼神总是四处游移，给人心神不定的感受，也不利于双方谈话的进行。

④ 柔视型：目光直视对方，但眼神柔和，间或变化一下视角；目光炯炯有神，却又不失温柔。这种目光给人以自信和亲切之感。

⑤ 斜视型：不正眼看对方，这是很不礼貌的，给人心怀叵测的感觉。

⑥ 无神型：目光疲软，不时看向自己的鼻尖。这种目光给人以冷漠之感。

⑦ 热情型：目光充满活力，给人以朝气蓬勃之感。这种目光在有些场合会使对方情绪渐涨，从而提高谈话的兴趣，然而在有些场合则令人反感。

**2. 微笑礼仪**

微笑分为含笑、微笑和轻笑。

(1) 含笑：只动嘴角肌，有淡淡的笑意，适用于初次视线接触。

(2) 微笑：嘴角肌和颧骨肌同时运动，适用于彼此进一步熟悉时的视线接触。

(3) 轻笑：嘴角肌和颧骨肌与眼睛周围的扩纹肌同时运动，一般可露出 6~8 颗牙齿，适用于真诚、平和与满意的情感表达。

**相关链接**

### 表情礼仪动作练习

**1. 眼神练习**

(1) 眼睛有神练习。面对镜子睁大双眼，注视镜中的自己，尽量让眼睛闪光发亮。

(2) 眼睛灵活度练习。在两眼可见范围内，分别在上下左右四个方位用醒目的物体固定一个点，眼球做左、右横向转动，上、下移动或圆圈转动，使目光在四个点之间转移。练习时头部不要动，只是眼睛随目标转动，以此训练眼睛的灵活度。

(3) 眼神效果检测。结合微笑表情由他人评价效果。

**2. 微笑练习**

(1) 照镜子练习法：用手指放在嘴角并向脸的上方轻轻上提，使嘴角充满笑意。

(2) 情绪记忆法：多思考微笑的好处，回忆美好的往事，从而发自内心提起嘴角，露出微笑。

(3) 发音练习法：发"一""七""茄子""田七"的音，练习嘴角肌的运动，使嘴角露出微笑。

(4) 情景熏陶法：通过美妙的音乐、幽默笑话等创造良好的环境氛围，学习会心地微笑。

（资料来源：https://wenku.baidu.com/view/34b78f07be64783e0912a21614791711cc797912?fr=sogou.）

### （四）名片礼仪

名片，是当代人际交往中一种经济实用的介绍性媒介。由于名片具有印制规范、文字简洁、使用方便、便于携带、易于保存等特点，而且不讲尊卑、不分职业，不论男女老幼均可使用，因此用途广泛，颇受欢迎。

对从业者而言，名片绝非可有可无，而是一种物有所值的实用型交际工具。在常规的人际交往中，名片的具体用途有如下九种。

#### 1. 自我介绍

初次会见他人，以名片作辅助性自我介绍，效果最好。它不但可以说明自己的身份，强化效果，使对方难以忘记，而且还可以节省时间，避免含糊不清。

#### 2. 结交朋友

主动把名片递给别人，意味着友好、信任和希望深交之意。没有必要每逢遇见陌生人，便上前递上自己的名片。也就是说，巧用名片，可以为结交朋友铺路架桥。

#### 3. 保持联系

名片犹如袖珍通讯录，利用它所提供的信息，可与名片的提供者保持联系。正因为有了名片上所提供的各种联络方式，人们的交流才变得更加方便。

#### 4. 业务介绍

公务式名片上列有归属单位等内容，因此利用名片亦可为本人及其所在单位进行业务宣传，扩大交际面，争取潜在的合作伙伴。

#### 5. 通知变更

利用名片，可以及时地向老朋友通报本人的最新情况，如晋升职务、乔迁新居、变换单位、变更电话号码等。以变更后的新名片向老朋友打招呼，可以使彼此的联系畅通无阻，使对方对自己的有关情况了解得更充分。

#### 6. 拜会他人

初次前往他人居所或工作单位进行拜访时，可将本人名片交由对方的门卫、秘书或家人，转交给被拜访者，以便对方确认来者身份，并决定见或不见。此种做法比较正规，可避免冒昧的造访。

### 7. 简短留言

拜访他人不遇，或者需要请人转达某件事情时，可在名片上写下几行字，再将它留下，或托人转交。这样做会使对方如闻其声，如见其人。

### 8. 用作礼单

向他人赠送礼品时，可将本人名片放入其中，或将之装入一个不封口的信封中，然后再将该信封固定于礼品外包装的上方，从而说明此乃何人所赠。

### 9. 替人介绍

介绍某人去见另外一个人时，可用回形针将本人名片（居上）与被介绍人名片（居下）固定在一起，必要时还可在本人名片左下角写上意即介绍的法文短语缩写"p. p."，然后将其装入信封，再交予被介绍人。这是一封非常正规的介绍信，按惯例会受到他人的高度重视。

拓展阅读

## 数字名片

在这个数字化时代，商务社交活动也有所改变，包括职场交往中非常重要的一个环节——交换名片。传统纸质名片受困于实物的诸多限制，如不易保管、信息量有限等，正在逐渐被时代淘汰。而数字名片顺应了快速发展的时代潮流，弥补了传统名片的诸多缺陷。数字名片，开启商务社交新姿态。

随着各产业加速数字化转型，新冠肺炎疫情的常态化，非接触式商务社交成为职场上的主要交际方式，这种线上交际的方式也扩大了职场人的社交范围，远在千里之外也能彼此了解、洽谈交易。而数字名片便是进行非接触式商务社交的第一步。

数字名片打破了传统的纸质名片只能线下交换、无法及时更新、企业形象单一的局限性，让名片样式更加灵活，内容更加丰富精彩。通过图文、音视频信息相融合的数字化呈现，能让客户对公司有完整了解，从而更好地留住客户、稳定客户。同时，企业还可以对名片的投送状态进行持续跟踪，进行名片轨迹分析，大大提高工作效率，实现真正意义上的有效社交。

目前，企业的产品再有优势，也赶不上数字化的转型趋势，个体的企业营销体系再强大，也无法做到基于数字化和大数据的智能选品、供应链协同、精准营销。因此，通过运用数字化营销工具，定制企业专属数字名片，可以助力企业转型，带动企业的融通发展。

数字名片将人脉管理与商业链接叠加，形成商务社交新礼仪，开启商务社交新姿态，为企业带来数字化转型新机遇。

**数字名片的技术优势**

纸质名片及宣传资料的使用生命周期短，价值亦有限，容易造成资源浪费。使用数字名片可以降低企业纸质名片及宣传材料的印刷量成本,绿色环保,为实现中国碳中和、碳达峰的目标赋能。

### AI科技强化企业形象

企业可以线上线下统一名片样式,批量导入员工信息,创建名片,批量分发。使用前沿科技为企业与员工赋能,打造创新进取的新时代企业形象。

数字名片在企业中的实际应用已经存在相当多的案例,例如:

在快消品应用场景中,一个快消品集团可以对旗下所有门店的销售人员进行统一名片管理,包括日常经营中的新产品介绍、营销活动海报、粉丝社群二维码等。

店铺销售人员可以将企业数字名片分发到粉丝社群、朋友圈和其他平台,在分享名片的过程中,访客溯源功能可以对访客行为全跟踪,形成客户关系管理机制,实现私域流量积累和营销拓客的双重目的。

在新冠肺炎疫情的加速刺激下,人们的社交方式正在转变,从线下逐渐迁移至线上。人们对于线上消费和虚拟产品及服务的需求越来越强烈,数字名片也随之成为线上社交必备的一个新型工具。实现虚拟数字技术创新,已成为今后我国实现产业创新和技术强国的必经之路。数字名片在实际场景中的应用,将会越来越广泛与普及。

(资料来源:https://baijiahao.baidu.com/s?id=17339614041119728461&wfr=spider&for=pc.有删改)

相关链接

提高沟通能力的方法

与人沟通是社交的常用手段,它是向对方传达信息或是与对方交流信息的一种常见方式。以下是几个提高沟通能力的方法。

**1. 面带笑容,语态温和**

所有人都喜欢和面带笑容、语态温和的人谈话,因为他们能从这个人的讲话中感受到一种亲切感。当跟你聊天的人一直面带笑容时,你就会感到心情舒畅;当他的说话语气让你很舒服时,你就有和他继续交流下去的冲动。

**2. 言谈举止要有礼貌**

与人说话的时候,一定要注意自己的言行。正所谓君子有礼,要想跟别人有效地进行沟通,就要学会有礼貌地与人相处,让别人对你产生好感。

**3. 同一个话题不要进行太久**

即便是两个人都喜欢的话题,也不要一直在这个话题上不停交流意见,时间长了会让对方感觉到厌烦。

**4. 不要谈论别人的伤心事**

如果你知道对方最近有比较不顺心的事情,一定不要在交谈过程中提及此事,否则会引起对方的反感。

### 5. 找到共同话题

古人说，话不投机半句多，意思就是要与人有效交流，就要找到投机的人，也就是有共同话题的人。所以，跟别人有效交流的重点在于有共同话题。

### 6. 说话不要带脏字

有很多人平日里说话不注意，养成了一些不好的口语习惯，了解他的人不会在意，可是遇到不了解情况的，听到他说话有带脏字的口头禅，就会对这个人作出不好的评价。

### 7. 勇敢承认错误

在交流过程中，如果自己表达不当，或者提出的看法不合理，要主动向对方道歉，勇敢地承认自己的错误，比如说"我错了，是我考虑不周。"等，这是很不错的道歉用语。

### 8. 事先亮出自己的想法

每个人在沟通中都是具有一定目的性的，在与对方进行交谈的时候，为了提高双方交谈的效率，一定要首先亮出自己的想法和看法，让对方明白。

### 9. 不要带着情绪沟通

与人交流沟通的时候，切忌带着情绪，尤其是负面情绪。要想与人有效沟通，就得先把自己的情绪控制好，不要出现任何情绪化的表达。

### 10. 直截了当，开门见山

与人交流虽然需要有一定的前期铺垫，但是铺垫的时间也不要过长，否则就会偏离主题。最好稍微铺垫以后，直奔主题，提高沟通效率。

### 11. 学会赞美别人

在交流的过程中要善于观察对方的言行和打扮，对于对方比较突出的特点要懂得赞美，比如长得漂亮、帅气的人，可以将其比作是明星；文学底蕴深厚的人，可以称其为老师、先生。

### 12. 充满自信

与人交流的过程中，要在言行举止中体现自己的自信。当别人感受到你的自信的时候，事情就基本上谈成一半了。

### 13. 要有耐心，懂得运用智慧

人际交往是一个十分依赖情商的活动，但是在与人沟通交流的过程中，智商也会起到十分重要的作用。对于对方提出的问题，要懂得巧妙而又不失礼貌地回答。

(资料来源：https://www.doc88.com/p-99839758466766.html)

## 任务二
## 讲究沟通艺术

职场人士每天至少有三分之一的时间是在职场中过的,能否从工作中获得满足与快乐,能否爱岗敬业并最终成就一番事业,个人与领导、同事之间的关系均有很重要的影响。因此,在职场中,如何与领导、同事进行良好的交往和沟通,是职场人士必须积极面对的一个问题。讲究职场沟通艺术,不仅可以使职场人际关系更加和谐融洽,大大提高工作效率,还可以减少矛盾与冲突,营造健康优良的工作环境。松下电器创始人松下幸之助指出:"企业管理过去是沟通,现在是沟通,未来还是沟通。"

### 一、人际沟通原则

人际沟通的关键是要意识到他人的存在,理解他人的感受,既满足自己,又尊重别人。初入职场者在进行人际沟通时要注意遵循以下五个基本原则。

#### 1. 尊重对方

尊重对方是沟通的前提,礼貌是对他人尊重的情感外露,是谈话双方实现心心相印的前提。因此,在与人沟通时,首先要尊重对方,其次要多用礼貌用语。

#### 2. 真诚待人

真诚是打开他人心灵的金钥匙,真诚的人能使人产生安全感,减少心理防备。良好的人际关系需要沟通双方展现一部分自我,把自己真实的想法说出来。答应他人的事一定要尽力完成,因种种原因难以践行承诺的,要及时坦诚地说明原因。

#### 3. 主动交往

主动与人表达善意能够使对方感到备受重视,因而主动的人往往能令人产生好感。要想做好本职工作,不仅要取得上级的信任,还必须与同事保持和谐的关系,只有这样,才能在工作中得到他们的支持与帮助。只要有机会,初入职场者就要主动与同事多交流、多沟通。同事之间难免会出现一些误会和矛盾,很多初入职场的年轻人一遇到这种情况,就会马上质疑对方的人品,甚至怀疑对方有什么企图,最后决定以牙还牙。这样,双方的关系很快就会变僵。因此,初入职场,一定要做到宽容待人、与人为善。与同事出现了误会,首先要从自身反思,然后主动想办法化解和消除矛盾。只有这样,人际关系才会更加和谐。

#### 4. 信息组织

所谓信息组织，就是沟通双方在沟通之前应该尽可能地掌握相关的信息，在向对方传递这些信息时，尽可能做到简明、清晰、具体。初入职场的年轻人由于没有任何工作经验，在与人沟通时很容易给同事或上级一种"异想天开、脱离实际、年轻气盛"的感觉。降低或消除这种观感最好的办法就是尽可能做好充分的准备，使自己的建议建立在事实基础之上，从而具有说服力和可执行性，切不可仅凭借自己的臆想和主观判断就提出问题，而且没有针对问题的解决方案。

#### 5. 保持适当距离

在人际交往中，一方面要积极主动地与各方面交往，扩大交际范围，保持良好的人际关系；另一方面要注意不要给人留下拉帮结派的印象。也就是说，既要积极主动与人交往，又要注意保持适当距离。所谓适当距离，就是无论关系多密切、交情多深，双方都应有自己的隐私，要在彼此真诚相待的基础上互相尊重，不干涉对方的私生活，在和谐交际中保持各自的独立。

## 二、人际沟通艺术

#### 1. 自信的态度

自信是取得良好沟通效果的前提。在职场沟通过程中，不应随波逐流或唯唯诺诺，有自己的想法才能赢得他人的尊重与信赖，充分调动交际对象沟通的积极性。

#### 2. 体谅他人的行为

体谅他人包含"体谅对方"与"表达自我"两方面。所谓"体谅对方"，是指设身处地为别人着想，并且体会对方的感受与需要。在人际交往过程中，要想有效地对他人表示体谅和关心，唯有设身处地为对方着想。当对方感受到我们的理解与尊重时，对方也会体谅我们的立场与好意，从而做出积极而合适的回应。所谓"表达自我"，则是指在充分体谅他人的基础上，从自己的立场、态度出发，完整充分地提出自己的观点及合理诉求，与他人达成共识，更好地完成自己的沟通目标，争取实现双赢。

#### 3. 有效地直接告诉对方

一位知名的谈判专家在谈到他成功的谈判经验时说道："我在各个国际商谈场合中，时常会以'我觉得'（说出自己的感受）、'我希望'（说出自己的要求或期望）为开端，结果常会令人极为满意。"这种行为就是直言不讳地告诉对方自己的要求与感受。直接有效地告诉对方自己想要表达的思想，有利于建立良好的人际关系。但是在沟通时，也要善于控制自我表达。有一种说法是："强势的建议，是一种攻击。"有时，即使说话的出发点是善良的，但如果讲话的口气太强势，对方听起来就像是受到攻击一样，很不舒服。因此，在与人沟通时，尽量做到"异中求同，圆融沟通"，可以有话直说，但口气应当温和委婉，这样才能很好地传情达意。

#### 4. 善用询问与倾听

询问与倾听是用来控制自己不要为了维护自身权利而侵犯他人的行为。尤其是在对方行为退缩、默不作声或欲言又止的时候,可用询问引出对方真正的想法,了解对方的立场、需求、愿望、意见与感受,并且用积极倾听的方式使对方对自己产生好感,进而诱导对方发表意见。一个善于沟通的人绝对也是善于询问及倾听他人的意见与感受的人。

### 三、与上级的沟通

职场沟通的对象包括上级、同事。对象不同,沟通的技巧也有所不同。

上下级之间的良好沟通,无论对个人还是对组织,都具有非常重要的意义。对于下级来说,通过与上级的良好沟通,既能全面、准确地了解相关信息,进而提高工作效能,又可以向领导及时表达自己的思想、观点,从而帮助自己在职场上快速发展。另外,在与上级沟通时,一定要注意选择合适的沟通方法,确保沟通的质量。

#### 1. 与上级沟通的原则

与职场上的其他交际对象相比,"上级"这个群体具有特殊性。从在组织机构中的作用方面看,他们位高权重、影响范围广;从个性特征来看,他们稳重老练、能力过人。因此,在与上级沟通的过程中,除遵循一般的人际沟通原则以外,还有一些特殊的原则。

(1) 服从至上

上级在组织机构中处于高层,对自己领导的组织一般都能够掌握全局,对问题的分析能够从大局出发,考虑也比较周全。在与上级沟通中,坚持服从原则,是现代管理的基本特征,是一切组织通行的原则,也是组织得以生存和不断发展的基本条件。如果下属与上级沟通时持对抗态度、拒不服从,组织就无法形成统一的意志,整体运行就会如同一盘散沙,不可能有大的发展。当然,服从不是盲从,下属一旦发现上级有明显失误,就要敢于建言,及时向领导反映。

(2) 不卑不亢

与上级沟通,既不能唯唯诺诺、一味附和,也不要恃才傲物、目中无人。作为下级,一定要尊重领导的意见,维护领导的威信,理解领导的难处与苦衷。提出不同的意见或建议,要选择适当的时机,采用上级易于接受的方式。这样,无论是对推进工作,还是对维护沟通双方的感情、建立融洽的人际关系,都很有益处。

(3) 充分准备,工作为重

上下级之间的关系主要是工作关系,因此,下属在与上级沟通时,应从工作出发,以工作的开展作为沟通的主要内容。切不可在上级面前搬弄是非或一味地对上级讨好谄媚、阿谀奉承,丧失理性和原则。在与上级沟通之前,一定要广泛收集相关信息,做好信息的分析与整理,尽量形成明确的问题结论和解决方案。

(4) 掌握有效的沟通技巧

同普通人一样，上级的性格特征也千差万别，作为下属，一定要在对上级充分了解的基础上，寻找沟通的最佳方式。

### 2. 与上级沟通的艺术

(1) 坦诚相待，主动沟通

初入职场，最为重要的就是要与人坦诚相待，给人留下坦诚的印象。在与上级沟通时，对工作中的问题不要企图保密和隐瞒，而要以坦诚的态度与之交流，这样才能赢得上级的信赖。在实际工作中，任何人都难免犯错误，犯错误不要紧，重要的是要尽早与上级沟通，得到他们的批评指正和帮助，同时取得谅解。消极沟通，不仅不能取得上级的谅解，反而有可能让他们产生误解。

(2) 心怀仰慕，把握尺度

只有对上级怀有仰慕的心情，才能实现有效沟通。与上级交谈时，要有一个积极的心态，还要把握尺度。对上级交办的事情要慎重对待，看问题要有自己的立场和观点，不能一味附和；对领导者的私人问题，作为下属不要妄加评论。对上级提出的问题发表评论时，应当很好地掌握分寸。

(3) 注意场合，选择时机

上级的心情如何，在很大程度上影响沟通的效果。当上级的工作比较顺利、心情比较轻松的时候，沟通效果会较好。上级心情不好时，最好不要与之沟通。

(4) 尊重权威，委婉交谈

领导者的权威不容挑战。不论上级是否值得敬佩，下属都必须尊重他。与上级沟通时要使用温和委婉的语气，切不可意气用事，更不能放任自己的情绪。总之，下属与上级沟通要讲究方法、运用技巧。

### 3. 与各种性格的上级打交道的艺术

由于个人的素质和经历不同，不同的上级会有不同的做事风格。仔细揣摩每一位上级的不同性格，在与他们交往的过程中运用不同的沟通技巧，会获得良好的沟通效果。

(1) 与控制型的上级进行沟通

① 控制型上级的性格特征：强硬的态度；充满竞争心态；要求下属立即服从；讲实际、果决，旨在求胜，对琐事不感兴趣。

② 沟通技巧：与控制型上级沟通，重在表达简明扼要，干脆利索，不拖泥带水，不拐弯抹角。面对这一类上级，无关紧要的话少说，直截了当、开门见山地谈即可。

此外，控制型上级很重视自己的权威，不喜欢下级违抗自己的命令，所以应该更加尊重他们的权威，认真对待他们的命令，在称赞他们时也应该称赞他们的成就，而不是他们的个性和人品。

(2) 与互动型的上级进行沟通

① 互动型上级的性格特征：善于交际，喜欢与他人互动交流；喜欢他人对自己的赞

美；凡事喜欢亲身参与。

② 沟通技巧：面对互动型上级，赞美的话语一定要真心诚意、言之有物，虚情假意的赞美会被他们认为是阿谀奉承，从而影响他们对你的整体看法。他们还喜欢与下级当面沟通，希望下级能与自己开诚布公地谈问题，即使对他有意见，也希望能够摆在桌面上谈，不希望下级在私下里发泄不满情绪。

(3) 与实事求是型的上级进行沟通

① 实事求是型上级的性格特征：讲究逻辑性，不喜欢感情用事；为人处世自有一套标准；喜欢弄清楚事情的来龙去脉；理性思考而缺乏想象力；是方法论的最佳实践者。

② 沟通技巧：与实事求是型上级沟通时，可以省掉话家常的时间，直接谈他们感兴趣而且实质性的内容。他们同样喜欢直截了当的方式，对他们提出的问题也最好直接作答。在进行工作汇报时，多就一些关键性的细节加以说明。

## 四、与同事的沟通

对职场人士来说，处理好同事关系至关重要。所谓同事关系，是指同一组织内部处于同一层次的员工之间的横向人际关系。同事之间最容易形成利益关系，如果不能及时有效地沟通，就容易产生隔阂。因此，适时地与同事进行沟通，既有利于营造和谐的工作环境，也有利于各项工作的顺利开展。

### 1. 与同事沟通的基本要求

(1) 确立一种观念：和为贵

折中的处世哲学中，中庸之道被奉为经典，中庸之道的精华就是以和为贵。与同事相处，难免会有利益或其他方面的冲突，处理这些矛盾的时候，首先想到的解决办法应该是和解。能始终与同事和睦相处，往往也极易赢得上级的信赖，因为人际关系的和谐处理不仅仅是一种生存的需要，更是工作上的需要。

(2) 明确一种态度：尊重同事

在人际交往中，自己待人的态度往往决定了别人对自己的态度，因此，若想获取他人的好感与尊重，必须首先尊重他人。每个人都有强烈的受欢迎和受尊重的渴望。在某方面不如你的人，很可能因为自卑而表现出强烈的自尊，如果你能以平等的姿态与其沟通，对方会觉得受到极大的尊重，从而对你产生好感，愿意成为朋友。可以说，没有尊重就没有友谊。

(3) 坚持一个原则：避免与同事产生矛盾

同事与你在一个单位工作，几乎天天见面，彼此之间免不了会发生各种各样鸡毛蒜皮的小事情，个人的性格、脾气秉性、优点和缺点也都暴露得比较明显，特别是每个人的行为上和性格上的弱点暴露得多了，就容易产生各种各样的瓜葛、冲突。这些瓜葛和冲突有些是简单的，有些是复杂的，有些是公开的，有些是隐蔽的，种种不愉快交织在一起,很容易引发各种矛盾。为此,要非常理性地对待他人的缺点、弱点,多一点宽容、多一份担当。

(4) 学会一种能力:与各种类型的同事打交道

每一个人都有自己独特的生活方式与性格。在任何一个组织中,总有些人是不易打交道的。职场人士必须要学会因人而异,采取不同的交往策略。下面简要列举日常工作中可能遇到的五类同事及与其交往的策略。

① 傲慢的同事:这类同事往往性格高傲、举止无礼、出言不逊。与其交往不妨这样:其一,尽量减少与他相处的时间,在和他相处的有限时间里,尽量充分表达自己的意见,不给他表现傲慢的机会;其二,交谈言简意赅,尽量用短句子来清楚说明你的来意和要求,给对方一个干脆利落的印象。

② 过于冷漠的同事:与这一类同事打交道,不必在意他的冷面孔,相反,应该热情洋溢,以热情来化解他的冷漠,并仔细观察他的言谈举止,寻找其感兴趣的问题和比较关心的事进行交流。同时,与这类人打交道一定要有耐心,不要急于求成,只要能找出共同的话题,他的那种漠然就会荡然无存,而且会表现出少有的热情。

③ 好胜的同事:这类同事狂妄自大,喜欢炫耀,总是不失时机地自我表现,在各个方面都喜欢占上风。交往时,可在适当时机挫其锐气,使他知道山外有山,人外有人。

④ 城府较深的同事:这类同事对事物不缺乏见解,但是不到万不得已或者水到渠成的时候,他绝不轻易表达自己的意见。他们一般工于心计,总是把真面目隐藏起来,希望更多地了解对方,从而能在交往中处于主动地位,周旋在各种矛盾中立于不败之地。和这种人交往,首先要有所防范,不要让他完全掌握你的全部秘密,更不要被他所利用,以致陷入他的圈套之中而不能自拔。

⑤ 急性子的同事:遇上性情急躁的同事,头脑一定要保持冷静,对他的莽撞完全可以采取宽容的态度,一笑置之,尽量避免产生矛盾。

### 2. 与同事沟通的艺术

同事既是合作者又是潜在的竞争者,这是一种非常微妙的人际关系。因此,职场人士在与同事相处时一定要特别注意沟通艺术。

在与同事沟通时,通常要注意以下五个方面。

(1) 主动交流沟通

人际关系要顺畅,彼此之间的和谐交流是前提。因此,在紧张的工作之余主动找同事谈心、聊天和请教问题是非常必要的。在主动沟通中应注意把握以下四点:一是要选择合适的时间、地点、场合,选择易引起对方兴趣的话题;二是要保持诚恳、谦虚的态度;三是要随时观察对方的心理变化,因势利导,随机应变;四是要注意语言艺术。

(2) 懂得相互欣赏

职场人士都有得到赞许的渴望,都希望自己的职业和工作受到别人的重视,得到他人较高的评价。因此,在职场人际交往过程中,要善于发现同事的优点、长处及其在工作中取得的成绩和进步,并及时给予肯定和赞美。一句由衷的赞美,既可以表达对同事的尊重,又可以赢得对方的好感,进而使彼此之间的关系更加融洽。

（3）保持适当距离

同事之间保持适当距离,待人、处事才可能客观公正。"过密则狎,过疏则间。"每个人都有自己的私人空间,搞好职场人际关系并不等于无话不谈、亲密无私。所以,当自己的个人生活出现危机时,不要在办公室随意倾诉;同时,要尊重同事的隐私,不打探同事的秘密,不私自翻阅同事的文件、信件,不查看对方的计算机,不对同事品头论足。

（4）重视团队合作

随着社会分工越来越细,现代企业越来越强调员工之间的协同合作。作为团队中的一员,无论自己处于什么职位,在保持自己个性特点的同时,一定要很好地融入集体。在工作中,同事之间要同心协力、相互支持。需要大家协同完成的,要事先进行充分的沟通,配合中要守时、守信、守约;自己分内的事认真完成,出现问题或差错要主动承担责任,不拖延,不推诿;确需他人协助完成的,要用请求的态度和商量的语气,不能颐指气使、居高临下。

（5）善于处理分歧和矛盾

同事之间不可避免地会出现分歧和矛盾,在发生分歧和矛盾时,一定要学会用适当的交流方式去化解。通常的做法:第一,不要激化矛盾。对于那些原则性并不是很强的问题,不必非要和同事分个胜负。第二,学会换位思考。与同事发生矛盾时,要学会站在他人的角度考虑问题,同时,多从自身找原因。第三,主动打破僵局。如果与同事之间已经产生矛盾,自己又确实不对,这时就要放下面子,主动道歉,以诚待人,以诚感人。

 拓展阅读

### 职场沟通艺术

职场中最基本的生存法则:学会与人沟通。说话是一门艺术,也是一种技术,看似简单,要做到运用自如却不容易。学会沟通可以让自己的职场发展之路更顺畅。

**不要说"但是",学会"而且"的表达**

"但是"在语言沟通上造成的语境是转折,明明是一件好事,一个"但是"便会否定前面的表达内容。如果你在听取一位同事的项目计划,为了表达赞同,你也许会说:"这个计划非常好,思路清晰、目标明确,但是你应该……"一个转折将原本的认可大打折扣。不妨这样表达:"这个计划非常好!而且,如果在时间节点上给予更多的关注,会更好!""而且"是意思递进的表达方式,强调明确。

**不要说"仅仅"**

当团队在讨论项目策略的时候,不要说:"这仅仅是我的建议!""仅仅"代表数量少,且设定了范围,这样的表达会让你的想法对项目的价值贡献大打折扣。当提供某种建

议、策略的时候，应明确自己的想法："这是我的建议！"

**不要说"务必"而要说"请您"**

职场中一定会遇上需要他人协助的时候，当你遇到需要紧急处理的问题，在与人沟通时，不要说"请务必在上午10点前给我回复！"尝试用更婉转的方式，例如，"项目十分紧急，请您协助回复！""务必"是命令式口吻，会给人造成极大压力而产生逆反心理。谁不愿意协助更礼貌的人呢？

**不要说"本来"**

遇到其他同事和你意见不同的时候，或许你会说："我本来是不同意这个方式的。"这会让人觉得对于其他的建议你可以接受，立场表明不够明确。"本来"看似是不重要的用词，使用中却产生了不同的表达意义。需要明确表达想法的时候可以直接将本意说清楚，例如，"对此我有不同想法"。

**不要说"不清楚"**

职场中最忌说"不清楚，这事跟我没关系"这样推卸责任的话。遇到不知道的事情非常正常，但是要巧妙地表达，例如，"我去了解一下，稍后给您回复。"巧妙的回答既可以掩饰你不知道的尴尬，也为你争取了了解的时间，从而可以做好足够的准备再进行准确回复。

（资料来源：李兴洲，单从凯，《职业核心素养教程》，北京理工大学出版社，2021年）

## 任务三

# 提升沟通技巧

## 一、有效沟通的三个技巧

只有洞察人性,才能做到高效沟通。人,都希望得到关心和重视,都希望被别人肯定;人,都希望得到别人的赞美。所以我们要做好沟通,必须掌握以下三个技巧。

### 1. 要让对方听得进去

我们要考虑:时机合适吗?场合合适吗?气氛合适吗?比如在企业中,如果老总正在跟客户谈话,你跑过去大声说:"老总,不好了,我们三台机器停了两台。"你想老总会怎么样?

### 2. 要让对方乐意去听

怎样说对方才乐意听?如何使对方情绪放松?哪部分内容对方比较容易接受?我们应该先说对方容易接受的内容。如果先说对方排斥的内容,那对方根本不会给你说容易接受的内容的机会。

### 3. 要让对方听得合理

我们要先说对对方有利的内容,再指出彼此互惠的内容,最后提出一些要求,这是重中之重。人人都对对自己有利的东西感兴趣,所以先说对对方有利的,之后再提出一些要求,对方才有可能答应。

通过分析,我们更要特别注意沟通的第三个要点,具体应该做到:

(1)先提炼主要观点,后关注个别看法;
(2)先指出双方一致之处,后评判相异之点;
(3)先肯定对方行为观点,后进行缺点批评;
(4)先解决问题,找出正确做法,后回顾以前错误;
(5)先实现对对方的激励,后实施具体做法。

## 二、沟通的七大技巧

### (一)沟通第一大技巧:同理心

沟通的首要技巧是拥有同理心,即学会从对方的角度考虑问题。这不仅包括理解对方的处境、思维水平、知识素养，也包括维护对方的自尊，树立对方的自信。

在沟通中，同理心尤其重要。有句英国谚语："要想知道别人的鞋子合不合脚，穿上别人的鞋子走一英里。"工作中出现沟通不畅的状况，多半是因为每个人所处的立场、环境不同。如果能换位思考，事情很快就能解决。同理心是人际交往的基础，也是进行有效沟通的基石。一旦具备同理心，就更容易获得他人的信任。这种信任并不是对个人能力、专业技能的信任，而是对人格、价值观、态度的信任。有了这些做基础，人们才可以真心交流，顺畅沟通，从而顺利合作，取得成功。

举一个例子，一只小猪、一只绵羊和一头母牛被关在同一个畜栏里。一天夜里，小猪被人捉住，它大声嚎叫，拼命抵抗。叫声很快惊醒了旁边熟睡的绵羊和母牛，它们非常讨厌小猪的嚎叫，便大声斥责道："烦死了，有什么可嚎的！我们也常常被捉住，可从未像你这样大呼小叫。"

小猪听了十分委屈地回答道："捉你们和捉我完全是两回事。捉你们，只是要你们身上的羊毛和牛奶，但是捉住我，那可是杀我的头，吃我的肉啊！"绵羊和母牛默不作声。绵羊和母牛无法理解和忍受小猪的嚎叫，是因为它们没有同理心，没有站在小猪的角度考虑问题，没有意识到，小猪一旦被捉就要丢掉性命。所以，在做任何事情之前，我们都试着先将自己的想法放在一边，真正设身处地从对方的角度考虑问题，你将会发现，许多事情的沟通，竟会变得出乎想象地容易。同样，在布置任务、汇报工作时更应该考虑接收方的情况，多从对方的角度考虑问题。

### （二）沟通第二大技巧：善于倾听

#### 1. 善于倾听

善于倾听，是成熟的人最基本的素质。如果你在听别人说话时，可以听清楚对方说的内容，并且能够心领神会，感受到对方的心思而予以回应，这就表示你已经掌握了倾听的要领。

#### 需反省的沟通行为

在这里，我们要反省一下自己是否做过这样的事：
（1）在别人讲话时走神，或当别人讲话时，急于表达自己的意见；
（2）听别人讲话时，不断比较与自己想法的不同点；
（3）打断别人的讲话；
（4）在别人讲话时谈论其他事；
（5）忽略过程只要结论，仅仅听那些自己想听到的内容；
（6）在头脑中预设讲话人的想法，急于下结论；

(7) 不要求对方阐明不明确之处;
(8) 思想开小差,注意力分散;
(9) 假装注意力很集中,而回避眼神交流;
(10) 显得不耐心,不停地抬腕看表。
在与人沟通的过程中,这些行为会带来什么样的后果?

### 2. 倾听的注意事项

在倾听的过程中,我们还应该注意以下事项:
(1) 和说话者的眼神保持接触;
(2) 不可凭自己的喜好选择性听,必须接收全部信息;
(3) 提醒自己不可分心,必须专心致志;
(4) 点头、微笑、身体前倾,适当做笔记;
(5) 回答或开口说话时,先停顿一下确认对方已讲话完毕;
(6) 谦虚、宽容、好奇地倾听;
(7) 在心里描绘出对方正在说的内容的场景;
(8) 多问问题,以澄清疑问;
(9) 理解对方的主要观点是如何论证的;
(10) 等你完全了解对方的讲话重点后,再进行反驳;
(11) 把对方讲话的主旨进行归纳总结,让对方确认正确与否;
(12) 要注意前文讲到的沟通要点中强调的"时机是否合适,场合是否合适,气氛是否合适"等方面,注意在不同的环境中产生的倾听障碍。

### 3. 克服倾听障碍

如何克服倾听者的倾听障碍呢?我们应该注意以下几点:
(1) 我们要尽早列出要解决的问题,避免粗心大意导致沟通失误;
(2) 在沟通接近尾声时,与对方确认你的理解是否正确,尤其是关于下一步的安排;
(3) 对话结束后,记下关键要点,尤其是与最后期限或工作评价有关的内容;
(4) 不要自作主张地将认为不重要的信息忽略,最好与信息发出者核对确认;
(5) 消除成见,克服思维定势的影响,客观地理解信息;
(6) 考虑对方的背景和经历,以便准确理解对方所说的内容;
(7) 简要复述对方表达的内容,让对方有机会更正你理解的错误之处。

## (三) 沟通第三大技巧:控制情绪

人的情绪状态会左右接收和传送信息的方式,还会直接影响信息被接收和理解的程度。例如,如果你觉得自己当下情绪激动紧张,沟通就有可能受阻,因为本应理智的思维可能被这些情绪所蒙蔽,以一种更加肯定或否定的极端态度接收、理解信息。

如果你对沟通的人有强烈的反感情绪,你对信息的理解很有可能受你看法的影响。同样,你所沟通的任何内容的接收效果也有可能受别人对待你的态度的影响。如果你对某事特别感兴趣,你就更有可能选取与自己心仪的事物有直接关系的信息,而忽视或根本不去注意其他信息。

因此,沟通前要调整好自己的情绪,不要让个人的喜怒哀乐影响沟通的过程及结果,避免受到"冲动的惩罚"。

### 1. 辨别自己和他人的情绪

沟通中的情绪管理可以分成两方面:一方面是如何处理别人对自己的情绪;另一方面是如何管理自己的情绪,应该怎样跟自己相处。

管理情绪要先学会辨别自己和他人的各种情绪。对情绪丰富的人而言,除了六种基本的情绪(开心、伤心、恐惧、愤怒、惊奇、厌恶),他们还能够表现和辨别出更多复杂的情绪。如果你无法认识或体会到某些情绪,就无法获得导致这些情绪的特定事件、情形或人的重要信息。此外,你会不认同或刻意回避那些会引起你内心不适的人的情绪。

### 2. 学会控制自己的情绪

想要避免情绪影响沟通,就要以平等的心态来进行沟通,避免过于表现自我,要学会控制自己的情绪。自我优越感会导致你在沟通的时候不自觉地流露出炫耀的语气,给其他沟通者带来不快,并可能因此让其他沟通者从情绪上严重抵触沟通。把自己的心态放平,有利于避免对方的抵触情绪,从而使沟通更有效。

学会控制情绪,还要注意平时的训练,要做到以下五点:

(1)学会放松。当你感到过分紧张、烦恼、恐惧时,可采用深呼吸的方法放松自己,即深深地吸气,慢慢地呼气,使自己的身心放松。也可以采用自我暗示的方法,如反复默念:"我现在放松了,我的全身处于自然的轻松状态。"还可以回忆过去放松的成功体验来鼓励自己。

(2)学会转移。当火气上涌时,有意识地转移话题或做其他的事情来分散注意力,这样可使激动情绪得到缓解,如打球、散步、听流行音乐等。

(3)学会宣泄。遇到不愉快的事情或者受委屈时,不要埋在心里,可以向知心朋友或亲人诉说出来或大哭一场。这种发泄可以释放内心郁积的不良情绪,有益于保持身心健康。但发泄的对象、地点、场合和方法要得当,避免伤害别人。

(4)学会安慰。当一个人追求某项目标而达不到时,为了减少内心的失望,可以找一个理由来安慰自己,就像狐狸吃不到葡萄说葡萄酸一样。这不是消极地自欺欺人,偶尔作为缓解情绪的积极方法,是很有好处的。

(5)学会幽默。幽默是一种特殊的能力,也是人们适应环境的工具。具有幽默感,可使人们对生活保持积极乐观的态度。许多看似烦恼的事物,用幽默的方法处理,往往可以使人们不愉快的情绪荡然无存。

### （四）沟通第四大技巧：客观表达

沟通的第四大技巧是客观表达。我们可以把它分成八个要点。

（1）谨慎地表述信息，尽量使用描述事实、中性的及非判断性的词汇。有效表达形式是"我……"式陈述句，具体陈述内容包括你的行为、你的反应、你希望的结果等。

（2）客观描述。尽可能客观描述某个事物或某个事件的真实情况，这样对方很难反驳，我们还可以进一步陈述其影响与后果。

（3）说出你希望的结果。如果你想让别人帮你洗碗，你说"我要你给我洗碗"，这样的表达往往不能如意。同样的想法换一个表达方式："如果有人帮我洗碗，我会很高兴！"那感觉就完全不一样了。所以说，直接要求别人做某件事，通常会遭到拒绝，但如果你清楚地说出你希望的结果，对方就会知道怎么做，可能还会很乐意去做。

（4）巧妙使用反向表达和反向思考。具体而言，就是看你是使用"A＋B＝1"，还是使用"A＝1－B"的问题。比如，管理者这样问下属："这项工作还没有做完吗？"通常下属都会说："没有，还差一点。"这可不是管理者想要的结果，但若换成反向表达或反向思考的提问方式，问："这项工作全做完了吗？"这样感觉就大不一样了。

（5）将"但是"换成"也"。避免使用"但是""不过"等表示语义转折的表达，要做一个弹性沟通者。我们通常在说了"我明白你的意思"之类的话后，很容易会加上"但是"或"不过"这样的字眼。如果使用这些字眼，对方往往会觉得你认为他的观点是"错的"，或者你并不关注他所说的问题。比如，"你说的很有道理，但是……"这句话给听者的感觉就是说话者说得没道理。如果把"但是"换成"也"，则变成"你说的很有道理，我这里也有一个很好的主意，不妨我们再讨论讨论？"这样表达的效果就会不一样，可以表达出三层意思：①表明你能站在对方的立场上看问题；②表明你正在建立一个合作的共识，你是为了想做成这件事情而提这个意见，而不是为了反对他；③最重要的是为自己的想法寻找一个不会遭到抗拒的表达方法。

所以说，在沟通中我们应该避免使用"但是""不过"等词，而多使用"也"等表达更委婉的词语。

（6）反馈要具体。如果王强的领导说："王强，你可真懒，你这是什么工作态度？"这样说，王强会摸不着头脑，心里还会想："我又犯什么错误了？"但如果换一种说法："王强，最近三天，你连续迟到，能解释一下原因吗？"这样表达的内容就具体清楚了，王强就明白是讲迟到的事了。

（7）反馈要着眼于积极的方面。这里有两句话，我们来做个比较。第一句是："张华，你在上次会议上的发言效果不好，这次发言之前你是否能先给我讲一遍？"第二句是："张华，你是否能把准备好的发言先给我讲一遍？这样可以帮助你熟悉一下内容，使你在现场能更加自信。"是不是第二句的表达会更好一些？所以，反馈一定要着眼于积极的一面。

(8) 复述引导词语。复述引导,就是将复述和附加问题这两种手段结合起来使用,这样可以将谈话内容引导到你想要获得更多信息的某个具体方面。例如,某领导对手下的一名部门主管说:"对于你们部门几个月前曾出现的工作失误,我感到遗憾!我想那一定使你的管理工作变得更加困难,那你准备如何保持你们部门的业绩呢?"这里领导复述了某部门的问题,然后又将话题转回来问自己想了解的问题。为什么要复述呢?可以这么说,你非常有必要提示你想了解问题的背景,这样既声明了错误不是部门主管造成的,避免他产生不快的情绪,同时,还能使部门主管积极地汇报下一步的工作开展计划。

### (五)沟通第五大技巧:了解情况使用开放式的问题,形成指令则使用封闭式问题

如果你提出的是一个封闭式的问题,人们通常只会给出"是"或"不是"的简单回复,那么你能得到的信息就十分有限。封闭式问题对于寻求事实,避免回答啰嗦是有一定帮助的,但不利于了解事情的全貌。所以,当我们想搜集更多信息时,最好使用开放式、探索式、中立性的问题,而避免使用一些无用问题、多重问题、引导性问题、封闭式问题、居高临下的问题。

下面,我们来做一个比较(表 3-1)。

表 3-1 封闭式问题与开放式问题的比较

| 封闭式问题 | 接收方回答 | 开放式问题 | 接收方回答 |
| --- | --- | --- | --- |
| 你喜欢你的工作吗? | 喜欢 | 你喜欢你工作的哪些方面? | 我的工作很有趣,具有挑战性,而且同事们都很好相处 |
| 会议结束了吗? | 结束了 | 会议是如何结束的? | 领导临时有紧急工作要处理,就提前结束了会议 |
| 今天中午吃肯德基好吗? | 好 | 今天中午想吃什么? | 我想吃肯德基,不过面条我也很喜欢 |

看了这个比较,我们就知道了要获得更多信息,就要多用开放式的问题,开放式问题可以帮助你获得一些无偏见的需求,帮助你更透彻地了解对方的动机和顾虑,由此让你容易接近对方的内心世界,使你有机会沟通成功。

而对于上级来说,特别是给下属布置任务时,应当使用封闭式问题。

所以请记住:了解情况使用开放式的问题;形成指令则使用封闭式问题。

### (六)沟通第六大技巧:赞美

#### 1. 赞美是沟通的开始

人们往往喜欢批评人,却不喜欢被批评;喜欢被人赞美,却不喜欢赞美人,这是人性使然。人性的劣根性会拉开人与人之间的距离。但如果把我们亲切的眼神投向对方,

冷漠就会因此消失。赞美使人愿意沟通。沟通是双方的互动,如果一方没有沟通的意愿,那么沟通必然失败。假设你要与一位女士沟通,可以首先赞美她的衣服漂亮,她通常会感到高兴,因此乐意与你沟通;反之,当你对她的衣着有偏见时,她很可能因被冒犯而感到不悦,于是懒得理你。所以,赞美往往是促成沟通的桥梁,在工作中,如果你肯定同事的优点,同事就会乐意帮助你,并把他的经验告诉你。

### 2. 赞美的技巧

赞美虽然有利于沟通,但是却需要技巧、需要真情投入。得体的赞美是建立在细致的观察与鉴赏之上的。

(1) 赞美出于真诚。不真诚的赞美会给人一种虚情假意的感觉,或者会被认为怀有某种不良目的,被赞美者不但不感谢,反而会讨厌;不实事求是、言过其实的赞美,会使被赞美者感到窘迫,也会降低赞美者的诚信;虚情假意的奉承对人对己都是有害而无利。

(2) 赞美要找准时机。对朋友、同事身上的优点,你要尽可能随时随地去发现,并且要抓住时机,积极反馈。他的一个表情、一个动作、所说的一句话、所做的一件事,你都要看在眼里、记在心里。赞美的时机多种多样,当时、事后、大庭广众之下、两人独处之时都可进行,但一般以当时赞美、当众赞美为佳。

(3) 力争首个发现。你所发现的对方的特色、潜能、优势最好是别人还没有发现的,甚至是本人也没有注意到的内容,这样你的赞美会令他瞬间增强自信,从而对你产生好感。

(4) 与对方的内心好恶相吻合。如果本人认为是缺点,内心极为厌恶的方面却被你大力夸奖,这会令他感到反感。如你赞美朋友像某个电影明星,而他恰好讨厌这个明星的相貌或性格,那你的赞美就适得其反。

(5) 寻找对方最希望被赞美的内容。各人有各人的长处,人们固然希望得到别人公正的评价,但在那些没有自信的方面,也还是希望得到他人的肯定。例如,女孩子都喜欢听到别人夸赞自己美丽,但对于具有倾国倾城姿色的女孩就要避免再去赞扬外貌,而应称赞她的智力。如果她的智力又恰好不如别人,那么你的称赞一定会使她雀跃无比。

(6) 间接恭维。引用他人的评价,对某个朋友、同事过去的事迹(也就是既成的事实)加以赞美,被称为"间接恭维"。这证明你对他的成就声誉有所了解,对方也会欣然接受你的热情赞美。

(7) 背后赞扬。在背后赞扬他人是一种至高的技巧。人与人之间难得的就是背后能说好话,而不是坏话。如果朋友知道你在别人非议他时挺身而出、主持公道,一定会非常感激你。

(8) 引其向善的赞美。赞美与谄媚、奉承的区别就在于"引其向善"。你希望对方拥有哪些优点、巩固哪些优点,你就要发现这些特质,并及时给予鼓励,对方在受到激励后，就很可能会朝着你赞许的方向努力。

（9）含蓄的赞美。过于直接、露骨的赞美时常会令对方感到反感，抽象和含蓄的赞辞却可使人欣然接受。词语本身含有多方面的意思，可做多种解释，对方会不自觉地往好的方面去想。如你赞美对方："你的眼睛好漂亮！"如果对方真的如此，她只会认为是理所当然的；但如果并非如此，这便成了一种讽刺。所以，倒不如说"你很有气质"，反而能产生更好的效果。

（10）直观性的赞美。初次相识时，可较多使用这种方法。从对方的饰物入手，对其衣着、配饰等具体方面予以发现并适度赞扬，这会让对方感到轻松、自然，从而使交谈气氛活跃起来。

### （七）沟通第七大技巧：肢体语言

人们在沟通时通常会借助一些肢体语言来辅助沟通，那肢体语言又能产生什么效果呢？

1965 年，美国心理学家佐治·米拉经过研究后发现，沟通效果来自文字的只有 7％，来自声调的有 38％，而来自肢体语言的有 55％。可见肢体语言对沟通效果的作用之巨大。最典型的例子就是卓别林的喜剧，不需要语言也可以使广大观众开怀大笑，这就是肢体语言的魅力。

#### 1. 与人接触的距离

（1）亲近的朋友和家人可以保持 45 厘米的距离；

（2）朋友和亲近的同事可以保持 45～80 厘米的距离；

（3）同事或熟人应保持 60～120 厘米的距离；

（4）陌生人，取决于友好程度，大约要保持 150 厘米的距离。

#### 2. 眼睛

眼睛是心灵深处的透视镜，我们一起来了解下面的三种"视线"。

（1）商谈视线：直视对方的额心和双眼之间一块正三角形区域，便会营造一种严肃的气氛。

（2）社交视线：注视对方双眼和嘴巴之间形成的倒三角形区域，便会营造社交气氛。

（3）亲密视线：越过双眼往下，经过下巴到对方身体其他部位。近距离时，在双眼和胸部之间形成三角形；远距离时，则在双眼和下腹部之间。

所以，在沟通过程中，请保持恰当得体的目光接触。

#### 3. 脸部是视觉的重心

脸部是视觉的重心，它在影响沟通的肢体语言中占了举足轻重的地位，是最容易表达也是最快引发回应的部位。脸上的表情包括口形、嘴巴的律动，嘴角的上下，眼睛的转动，眼神的正邪，正眼或斜眼看人，眉毛的角度，眉毛的扬抑等可以综合反映出一个人的情绪,如悲伤、快乐、愤怒、仇视、怀疑等。

### 4. 身体方向

身体方向是心理话语的传送通道,个人躯干或双脚面对的方向,表示内心向往的去处。判断一组对话属于开放式,还是封闭式的方法很简单,通常开放式对话是两个人身体形成90度,欢迎第三者加入;而封闭式对话则两人的身体形成的角度为0,表示亲密或对抗。

### 5. 手势

手势是人的第二张脸。手势在沟通交流中是很容易被忽视的,许多人甚至认为手势无关紧要,其实不然。比如用手指指着别人说话,表示动作人的傲慢与轻蔑,是很不礼貌的举动。概括来说,手势可归类为如下几种类型。

(1) 掌心向上,表示顺从或请求。

(2) 掌心向下,表示权威或优势。

(3) 手掌收缩伸出食指,表示威吓。

(4) 举手用力向下,有攻击、恐吓的意味。

(5) 高举单手或竖起手指,示意想说话或在会议中发表见解。

(6) 用食指按着嘴巴,示意"肃静,不要吵"。

(7) 手指着手表或壁钟,示意停止工作或时间到了。

(8) 把手做成杯状放在耳后,手掌微向前,示意"请大声一点,我听不清楚"。

### 6. 其他肢体语言

每个人在沟通中还有一些不自觉的身体语言。

(1) 感兴趣或感到兴奋时,瞳孔会放大。

(2) 与某人说话越来越投入时,身体会慢慢向前倾。

(3) 紧张的时候,会耸起肩膀、握紧双手、脸部肌肉收缩。

(4) 犹豫不决时会摸着鼻子。

(5) 对事情不很肯定时半遮着嘴巴。

(6) 不耐烦、没耐心时左顾右盼,玩弄手上的笔。

(7) 没兴趣时全身放松靠在椅背上,或交叉双腿,且摇晃放在上面的腿。

##  项目训练

### 一、沟通礼仪案例练习

某公司新建的办公大楼里需要添置一批价值数百万元的办公用具,公司的总经理已决定,向 A 公司购买这批办公用具。

这天,A 公司的负责人打电话来,表示要上门拜访这位总经理。总经理打算等对方一来,就在订单上盖章,定下这笔生意。

不料,对方比预定的时间提前了2小时到。原来对方负责人听说这家公司的员工宿舍也要在近期内落成,希望员工宿舍需要的家具也能向A公司购买。为了谈成这件事,销售负责人还带来了一大堆资料,摆满了桌子。总经理没料到对方会提前到访,刚好手边又有事,便请秘书让对方等一下。这位销售员等了不到半小时,就开始不耐烦了,一边收拾资料一边说:"我还是改天再来拜访吧。"

这时,总经理发现对方在收拾资料正准备离开,并将自己刚才递上的名片不小心掉在了地上,却丝毫没有察觉,走时还无意从名片上踩了过去。这个失误令总经理改变了初衷,A公司不仅失去了与总经理商谈提供员工宿舍家具的机会,连差点到手的数百万元办公用具的生意也告吹了。

请问:A公司的生意为何告吹?

### 二、沟通艺术案例练习

"不管什么事情,只要交给小李我就放心了。"小李进公司三年以来,领导经常把这句话挂在嘴边。一开始小李很高兴,但日子一天天过去,薪水没涨多少,领导交给他的工作却越来越多。

这些工作小李就是加班加点也干不完,可周围的同事却闲得多,薪水还不比他少;而小李干得越多犯错的机会也就越多。

小李总觉得领导很信任他,所以他从来不对领导"抱怨",但如果领导继续给小李增加任务,小李应该怎么办?于是,小李决定找领导谈谈。

**请你来思考小李这次找领导谈话的内容。**

不要顾及面子,先问问自己,如果我是小李:

1. 我要的到底是什么?
2. 我要他人做什么?
3. 我如何改善与领导的关系使意见达成一致?

## 项目回顾

1. 沟通礼仪的概念是什么?应遵循哪些原则?
2. 有效沟通有哪些技巧?
3. 为了有效沟通,需要在沟通前做好哪些准备?

# 项目四

# 职业核心执行素养

## 项目导入

文远是一名普通的公司职员,他有一个非常独特的习惯,就是每天提前一刻钟上班,推后一刻钟下班。自从参加工作以来,他一直保持着这个习惯。

他说:"这样可以有效利用时间。如果你每天都提前一刻钟到达,就可以对一天的工作提前做个规划,当别人还在考虑当天该做什么时,你已经走在别人前面开始投入工作了;而推后一刻钟下班,对今天的事情做个系统的总结,把明天的事情预先做个计划。如此一来,工作条理就会更加清晰。"

文远正是利用这经常被别人忽视的"两个一刻钟"为自己赢得了机会。他刚到公司时,还是一个普通员工,但现在已经成为分公司的总经理了。

## 启示

文远能够如此快速升迁,秘诀就在于平时能够对工作提前做好规划,合理利用时间,使自己的工作条理更加清晰。

## 项目目标

1. 了解执行力的要素。
2. 掌握时间管理的方法与策略。
3. 运用时间管理的具体方法对个人工作进行计划和安排。

## 任务一

# 端正执行态度,树立执行信念

执行力是组织或个人能够正确、迅速地贯彻行动意图,以达到目标、完成任务的能力。它是一个系统的概念,与组织业务、组织人员、组织文化乃至外部环境等因素密切相关。执行力主要包括制定明确目标、自觉实施行动、坚定克服困难等方面,是大学生更好地度过大学生活、适应未来职场生活必备的能力。

## 一、执行力三要素

### (一)目的明确

人的活动总要具有明确的目的,才能清晰地认识主体行为过程及其结果。目的性是人类行为不同于动物行为的最本质特征。由于具有目的性,执行力既可以推动个人采取为了达到目的所必需的行动,也可以终止与目的相悖的愿望和行动。

比如,某同学已经确定要利用课余时间复习功课,这个目的就会使他在既定时间内专心地学习,同时又克制自己免受无关诱惑的干扰,进行无关复习的活动。

### (二)自觉行动

要想拥有执行力必须依靠自觉的行动。所谓自觉性,就是指人在活动前就对活动的本体意义和社会意义有清晰、明确的认知。一个具有自觉性的人,能根据对客观事物发展规律的认识,充分调动起自己的主观能动性。惰性是自觉行动最大的敌人,它会埋没人的才华,扼杀人的潜能,磨灭人的斗志,使人很难有大的作为。因此,大学生要自觉克服惰性,才能取得更大的成功。

### (三)克服困难

执行力的强弱与克服困难的大小成正比关系。在一定条件下,执行力越强,就越能克服更多更大的困难;反之,执行力弱,就只能克服较小的困难,甚至无法克服困难。同样,克服的困难越多越大,就越能锤炼执行力。根据每个人在困难面前的不同表现,执行力又可以划分为坚强型和懦弱型。坚强型的本质特征是不怕困难、知难而进,敢于迎

接挑战、克服困难。具有坚强型执行力的人往往具有很强的韧性和忍耐力,能忍受一般人无法忍受的痛苦,经得起一般人不能经受的考验。儒弱型的本质特征是害怕困难、知难而退,面对困难惊慌失措,畏首畏尾,缺乏耐心和忍耐力。这类人只想在顺境中生活,不愿在逆境中奋斗。每个人在学习生活和工作中都会遇到各种苦难、挫折和失败,执行力的强弱可以说是成功者与普通人的区别。

## 二、大学生执行力内涵及特点

大学生执行力主要由四个影响因素构成:行动意愿、知识技能、创新思维和自我控制。行动意愿指工作或学习的主动期待,包括目标、理想、信念、责任等,这一因素决定执行力的高度;知识技能是行动过程中应具备的素质,包括组织、计划、沟通、协调等,这一因素决定执行力度;创新思维体现在解决问题的过程中的工作方法、思路、流程、手段等,这一因素决定执行速度;自我控制是在行动过程中表现出来的耐力、承受力、协调力等,这一因素决定执行效率。综上所述,大学生执行力就是在一定的目标引领下,运用知识和技能不断实现自我成长,同时能够抵抗压力并完整地完成任务的能力。

### (一)执行意识积极主动

大学生良好的执行力主要表现为高度自觉和自发意识,即在行动中能够积极主动地发现问题、解决问题,不仅能做到按照学校或他人要求完成指示,而且能及时将行动结果反馈或自省。对于大学生来说,较强的行动意愿不能只停留在口头上,而是要有责任感,并保持主观能动性,想尽办法、用尽全力完成任务。大学生的执行力表现在能够将较强的行动意愿和自觉自发的态度结合起来,勇于面对执行过程中的挫折和困难。

### (二)执行态度认真谨慎

具有较强执行力的大学生既要有"舍我其谁"的魄力,更要有保证一丝不苟完成任务的谨慎态度。大学生应该做好自己的本职,对待学习过程中的任何问题都要注重细节,认真对待,对学校和老师布置的学习任务更要以严格标准要求自己,扎实落实,不能存在应付了事、得过且过等消极思想。如果在执行任务过程中敷衍了事、得过且过,那么再宏大的志向、再完美的决策也终将沦为纸上谈兵。

### (三)执行思路理性灵活

大学就是一个小型社会,大学生要面对形形色色的同学、老师,每一个个体性格不同,脾气迥异,在协同完成任务的过程中难免产生隔阂、摩擦。因此面对困难时,大学生应保持头脑灵活、冷静,善于分析问题,能够随机应变、判断是非,用理性的思路敏锐观察身处的客观环境,分辨外界信息,对事物发展的态势和可能出现的结果作出理性判断。与此同时,要注意保障自己的人身安全和财产安全。

### (四)执行过程实干创新

不断学习新的知识和技能是当代大学生必备的核心素质。大学生由于生活经验不够丰富,知识储备不足,社会工作水平欠佳,因此在执行任务的过程中要时刻保持谦虚、谨慎的态度,树立实干作风,在实践过程中发现问题、研究问题、创新思路、解决问题,不断吸收新的知识经验,并且能够反省不足和积累经验,最终使自己的执行能力在实际任务中得以不断提升。创新则是要具备强烈的创新意识,在任务执行过程中抛开墨守成规、循规蹈矩的习惯,做前想、做中思、做后省,做到每个任务都将效率摆在重要位置。

### (五)执行方式和谐团结

很多时候任务的完成单靠一个人的力量是不够的,因此任课教师会布置课后项目、小组学习的任务。大学生在执行集体任务时要具有大局意识,能够严于律己、宽以待人,相互协作,彼此帮助,共同提高,不能有少我一人不影响大局的想法,不能减轻自己在团队任务中的执行作用。同时,在面对不同意见的时候,要有较好的组织和沟通能力,把完成任务作为大家共同的目标,协调自己和他人的执行内容,协作完成团队任务。

## 三、了解自己的执行力

执行功能包括分析、组织、决策、计划等。有的人具备比常人更强的执行力,而有些人则具有执行功能障碍。执行功能障碍是指个体在履行自己的日常职责或任务时难以完成一些特定任务的情况。具有执行功能障碍并不意味着不正常,这只是另一种形式,同学们需要了解自己的执行力水平,才能更好地端正执行态度,树立执行力信念。

**相关链接**

下面是10组行为的情况描述,每一组代表一个执行力的类别,每个类别有四种行为表现,请大家阅读以下内容,并结合对自己的了解和他人评价,在和自己情况相符的条目前打"√"。

**Part 1**

(1)我习惯匆匆忙忙地完成工作任务,只要做完就好。

(2)我不喜欢那些需要解决问题的任务或游戏。

(3)我需要反复听别人的指导才能完成任务。

(4)除非有人告诉我,不然我察觉不到自己的行为影响到了别人。

**Part 2**

(1)我经常记不住要用哪些材料和工具才能完成作业。

(2) 我总是找不到自己写完的作业。

(3) 我不能把自己的宿舍、抽屉、桌面、床铺或衣物收拾整齐。

(4) 我经常难以找到要用的东西。

### Part 3

(1) 我总是难以开始行动,这导致我不能按时完成任务。

(2) 我难以把新的任务或者突发情况与制订好的计划相协调。

(3) 我难以准确地估计完成一件事情需要的时间。

(4) 我总是到了最后期限才能勉强提交作业或任务。

### Part 4

(1) 我经常发脾气。

(2) 相比我的同学或朋友,我显得更容易紧张不安。

(3) 我一旦生气就难以控制自己的情绪。

(4) 一些看似无所谓的小事也会使我心烦。

### Part 5

(1) 我有时会打断别人的谈话。

(2) 有时候我会提出别人不太接受或认可的意见或建议。

(3) 我会在老师布置任务前就开始预习或者准备工作。

(4) 课堂提问时,老师没叫我回答问题我也会主动喊出答案。

### Part 6

(1) 一旦原计划有变,我会难以处理。

(2) 换一个新的环境会让我觉得困难。

(3) 对某个任务,如果我第一次尝试失败了,我可能就选择放弃。

(4) 如果一件事自己不太明白,我很难开口去寻求别人的帮助。

### Part 7

(1) 我经常需要被催促才能开始一项任务。

(2) 我需要被人提醒做作业或做其他事情。

(3) 我需要被人提醒遵守课堂纪律。

(4) 我难以做到多重任务同时进行。

### Part 8

(1) 我难以完成任务,尤其是比较难的任务。

(2) 大型的任务或项目使我倍感压力。

(3) 我总是因为周围环境中的事物导致注意力难以集中。

(4) 学习的时候,我会和旁边同学说话而难以专心。

### Part 9

(1) 我难以记住别人口头交代我的三件以上的事情。

(2) 我会忘记老师交代的任务。
(3) 我难以记住要用哪些材料或工具才能完成作业。
(4) 如果连续问了多个问题,我只能记住并回答第一个。

**Part 10**
(1) 如果我在做事时被打断,就很难重新进入状态。
(2) 如果做某件事很无聊,我就难以坚持下去。
(3) 当试图专心学习时,我容易思想不集中。
(4) 无论在家或学校我都难以设定目标。

这10个类别分别代表什么呢?

Part 1——自我认识:个体评估对自己的了解程度和做事方法的能力。

Part 2——组织能力:建立、维护规则和合理安排任务过程的能力。

Part 3——时间管理能力:能够准确估计完成事情所需时间、高效利用和分配时间的能力。

Part 4——情绪控制能力:在烦躁、生气、伤心、兴奋等情绪状态下保持冷静的能力。

Part 5——行为控制能力:控制自己什么该做,什么不该做的能力。

Part 6——灵活性:能够随时改变行动或者调整既定计划的能力。

Part 7——主动性:不用他人提醒就能够主动行动的能力。

Part 8——专注性:不受外界干扰专心做事的能力,即便是自己不感兴趣的事情也能专心完成。

Part 9——工作记忆:能够记住完成任务所需要的信息的能力。

Part 10——坚韧性:能够完整完成任务的能力,哪怕是枯燥的任务也能坚持完成。

如果在某个类别中你标出了两条以上,那就说明你在这个方面的执行力有所欠缺。

## 四、端正执行力态度,树立执行力信念的五种方法

### (一) 情境选择

提高执行力最好的方法是让自己处于有利于实现长期目标的情境或环境中,避开那些会让你受到诱惑的情境。比如,你知道晚上和同学聚餐势必会影响第二天上课的状态,那么你就要选择果断拒绝邀约。

### (二) 情境修正

有时候你没办法避开客观诱感,但是你可以把情境变得对你有利。比如,你想好好学习,但是上网会让你分心,那就把 WiFi 关掉。如果学习必须上网(比如需要使用数据库查找文献),那就去图书馆用局域网电脑学习。

### （三）选择性注意

如果你不能避开或者改变情境，那就以一种有助于抵御诱惑的方式去集中注意力，避免失去自控力。比如，你正在努力实现少吃甜食的健康目标，就不要走进学校食堂的甜品区。

### （四）认知改变

重新认识诱惑。比如，你周围的同学都在抽烟，你把抽烟当作很酷的事，这时候你要去想想那些乌黑的肺和褶皱的皮肤，然后对这种不健康的行为改变认知判断。

### （五）反应调整

用意志力抵抗诱惑。可能有同学认为增强意志力是抵抗诱惑的最好方法，但其实这是效果最差的方法，因为你需要花很大的力气才能成功抵抗诱惑。但是在其他方法都不可行的时候，你要牢记自己的任务，努力让自己用意志力去抵抗诱惑。

 拓展阅读

#### 陈行行：无数次向技艺极限冲击

陈行行，一个从微山湖畔小乡村走出来的农家孩子，10年时间破茧成蝶，投身我国核武器研制的宏伟事业，成长为数控机械加工领域的能工巧匠，并获得了2018年"大国工匠年度人物"。

下面，就让我们走进陈行行的世界，去认识和了解这个胸怀理想、脚踏实地、勇于创新、硕果丰厚的青年工匠。

##### 一路前行

2006年至2011年，陈行行先后在山东技师学院机械工程系学习，在某食品设备有限公司从事机加工工艺与数控程序编制、调试及新产品开发等工作。这期间，他凭着刻苦钻研、踏实勤奋的精神，取得了相当不错的成绩：第四届全国数控技能大赛职工组加工中心（四轴）第四名、山东省富民兴鲁劳动奖章、山东省技术能手。

2011年，陈行行无意中与中国工程物理研究院结缘，这是中国唯一的核武器研究生产基地，他决心在一个新的更大的平台上为实现强国梦、强军梦而努力，最终他选择了投身国防事业。研究所为陈行行提供了良好的工作条件。他操作的设备是国内一流的高精尖数控设备，接触的是高精尖的国防尖端产品。对他而言，责任更大，要求更高。面对压力，他更有着一股不认输、不服软的冲劲儿。

在各级领导无微不至的关怀下，在师傅们悉心的教导和帮助下，陈行行更加如饥似渴地学习新知识、新工艺、新技术，参加各种技能培训，了解熟悉军工产品的特点和要

求,反复领会加工工艺和图纸,认真分析加工工艺路线和所需要的刀具,严格按照工艺流程生产,并不断寻找更优的加工方法。同时,核武器科技事业的优秀文化也在一点一滴地熏陶着陈行行,"铸国防基石,做民族脊梁""国家至上、事业第一""严肃认真、周到细致、稳妥可靠、慎之又慎、万无一失""铸神工、创一流"……这些文化理念让他从内心深处认识到所投身事业的崇高神圣,认识到自己所从事的工作极为重要。他为自己写下了这样的人生信条:"投身国防,扎根岗位,技能成就人生,学习创造未来。"

### 行出必果

国家重大专项分子泵项目核心零部件动叶轮不仅加工精度要求高,而且加工过程中程序调试异常繁琐,费时费力,尤其会因加工振动导致零件表面质量差。陈行行与技术人员一起从问题、难点入手,通过优化铣削方式、加工刀具和工装夹具,编制合理的加工程序和发掘设备智能辅助专家系统的两个高级功能,攻克了加工振动导致的质量难题,同时消除了叶片边缘毛刺现象,不仅节省了工序,而且较大幅度地提高了加工质量,加工效率提高了3.5倍。

在某型号定型产品重要零件的批量加工中,陈行行通过对加工刀具、切削方式和加工程序及装夹方式进行优化,使加工效率提高了1倍,有效解决了因刚性差导致的加工变形问题,节省了钳工研磨工序,产品合格率高于98%。

某大型科学仪器诊断系统关键精密零件的加工精度异常苛刻,且产品尺寸非常小,无法进行加工中的测量。陈行行打破常规,大胆开展加工工艺创新,通过设计实用的工装夹具及合理优化工艺路线,高效优质地完成了任务。

某大型试验中的零件,尺寸及形位精度要求极高且批量大、周期紧。陈行行与工艺人员共同研讨,多方协作,通过优化加工工序缩减了加工时间,他还凭借经验设计了专用工装夹具,提高了加工效率,降低了劳动强度。

创新,已经融入陈行行的血液里。作为研究所唯一的特聘技师,他具体管理着3个高技能人才工作站,兼任某壳体高效加工和加工中心两个高技能人才工作站的领办人。作为高技能人才工作站的领办人,陈行行和他的团队有信心把工作站建设成数控加工创新成果的孵化器。

### 携手同行

陈行行很豁达。那些多年工作、学习和比赛积累的心得经验、窍门绝活,他都毫不保留地分享给其他同事。在机械加工领域,原理是相通的,关键是怎样活学活用,融会贯通,也就是大家常说的"独门绝招"。陈行行从不担心"教会徒弟饿死师傅",也不相信"同行是冤家"的说法,他对同事们倾囊相授,内心非常坦诚,"吾生也有涯,而知也无涯"的道理他理解得很通透。他在车间里人缘好得很。

陈行行待人很温暖。车间新来的年轻人,陈行行总是不厌其烦地手把手教,从看图纸到操作,从零部件的加工到工装夹具的使用,每一个步骤、每一个细节都知无不言,言无不尽,使新人们能够尽快适应工作,进入状态。

陈行行很卖力。他不仅做好自己的事情，还兼任研究所里数控加工中心的培训老师，从选材、备课到教学，全部都是尽心尽力完成好。经他培训和指导的选手有5人次分获国家级技能比赛职工组前十名，还有5人次获四川省级职工组的前三名。他还多次应邀在四川省总工会、中机维协（绵阳）和中物院培训中心等单位举办的技能培训班上授课。2015年，他被国家高技能人才基地聘为特约教师。

陈行行一直在用心做好多重角色：一线生产工人、参赛选手、师傅或者培训老师、攻关团队领办人等。他觉得这是一种充实和完美。展望未来，陈行行认为，整个社会都在飞速前进，专业知识、专业技术日新月异，自己一定要不断学习，终身学习，在数控加工领域永葆创造力和竞争力。因为，志高方能行远。

（资料来源：https://sohu.com/a/299657942_99918913）

## 任务二

## 制订目标管理计划,实现精准执行

目标常被比喻为人生灯塔和指南针。每个大学生都怀揣着梦想走进大学校门,梦想也是目标的一种别称。目标是个体指向未来的期待,在纷繁复杂的大学生活中,如何保证我们能朝着梦想中的方向前进,不偏离自己的方向,是大学生必须要学会并付诸实践的能力。

### 一、大学生与目标管理

#### (一)大学生的目标管理

目标管理是以建设的最终效果为标准,将参与的组织或个体视为核心要素,通过过程化管理有效实现最优化结果的现代管理方法。目标管理是企事业单位最常用的管理方法之一,其自下而上和自上而下双结合地制定策略对组织运行起着重要的作用。大学生的目标管理,是将组织中目标制定的原则和方法运用到大学生活之中,从而提升大学生的学习效率和任务效能。具有良好目标管理能力的大学生往往能在学业和就业过程中获得更突出的成就。

#### (二)目标管理在大学生活中的意义

(1)大学生进行目标管理,能将个人的目标进行清晰明确的表达,使个体对自我应担负的责任和义务有客观全面的了解,并明确需要努力达成的目标内容和发展方向。

(2)大学生制订目标管理计划,可使个体对自身有明确的定位,了解自身特点和优势,在达成目标的过程中,有效发挥自身特长和能力。

(3)大学生对既定目标的有效分解和达成,可使自身能较好地应对危机,同时向更高的发展层次迈进。

(4)明确的目标管理可以协调个体与个体、个体与组织之间的关系,最终形成和谐、协作、团结的组织形态。

(5)大学生在目标管理的过程中,可以将每一个部分都制定出可量化、科学化的考核标准,从而有效评估目标实现的阶段性成果。

(6）掌握目标管理的具体方法，可以将长期目标、短期目标相结合，交替递进完成，最终形成长效自我管理机制。

### （三）培养大学生自我目标设定能力

自我目标的设定是自我领导理论中行为聚焦策略的重要环节。个体要实现自我领导，必须有较高的、清晰可行的目标，且有不断追求高目标的动力。

目标设定是由目标的方向、高度与难度、层次、内容、动力性等有机组合而形成的成才目标体系。目标设定既要符合社会需求，也要体现个人特点。自我目标设定能力既包括个体是否有清晰的目标，也包括设定目标后的执行，即使在面对反对意见时仍坚定不渝。目标有长期的目标（如未来的职业目标、人生目标等），也有短期的计划（如完成学业、获取各种资格证书等）。大学生应在正确的自我认知基础上，以追求高目标为导向，明确职业目标，做好中短期与长期规划，在实现目标的过程中培养执行力，并以自我管理为调节器，形成由外部驱动自我而有效达成目标的动力机制，进而提高个体效能。

**相关链接**

大多数人的平庸，来自极差的执行力

每个人年轻的时候都有梦想，可是随着时间的流逝，梦想却渐渐荒废，最后只存在于梦里。而那些实现理想的人，未必比你我聪明，也未必比你我勤勉，但他们却往往有着比你我更强的自控力和执行力。很多时候，我们都喜欢拖延到最后一刻，才匆忙地去做那些本该早就做完的事情。因为执行力不够，所以事事拖延，事事懊悔，最后落得一事无成。而那些执行力很强的人，他们不仅想到了，而且还做到了。

《乔布斯传》的作者艾萨克森有一本新书《达·芬奇传》，书中提及达·芬奇会在笔记本上列下每天的待办事项。比如说，1496年的一天，他写下这样一段话：

"今天我要做的事情有：

去米兰和它的郊区采风

画一幅米兰全城图

找一个数学家给我讲讲三角形的知识

找一个水力学家，告诉我怎么去修建一条运河

去研究一下鸟的翅膀，看看它们飞行的奥秘。"

这一天的任务，包括了绘画、旅行、数学、水利、动物学五个方面，事情繁多且涉猎极广，这不禁让我们感叹达·芬奇旺盛的精力。更令人震撼的是，达·芬奇这一天居然把这五件事情都做完了，并且在第二天还计划了新的待办事项。

达·芬奇的强大，不仅仅在于他给自己安排无数困难的任务，更在于他做事迅速，能够在规定的时间里完成任务，并且不降低做事情的质量。他在笔记本里还写到：为了

画好一个圆,他会连续画169个圆;为了调查水流的原理,他会记录下730项读水流的发现;为了了解人体各个部位的比例,他就真的会找来一个朋友,测量他身上每一个部位的长度并计算比例。达·芬奇不仅仅是一个画出蒙娜丽莎像的顶级艺术家,更让人难以企及的,是他能够将自己全部的想象力转化成执行力的能力。

而我们和达·芬奇之间的巨大差距之一,就是这种超强的执行力。

想到和做到之间,相隔甚远,而一个执行力强的人,他想到要完成一件事就去做,如果不会,那就去学。想到了,学会了,并且最终做到了,这样才会使一个人获得成长,真正地改变自己的生活。

可惜的是,我们大部分人要么喜欢沉浸于看似积极的幻想中,自欺欺人;要么对要做的事情望而生畏,迟迟不愿行动。由此,执行力就渐渐成了我们跨越平庸的一道鸿沟。

有人说,一个人的想法是0,执行力是1,那从0到1,就是最关键的一步。因为没有这一步,你永远是0,而一旦你走出这一步,你才可能从1到10,从10到100。

(资料来源:https://www.360doc.com/content/21/1221/05/34279512_1009628123.shtml)

## 二、目标设定的原则

### (一) SMART 原则

目标设定的 SMART 原则来源于管理大师彼得·德鲁克(Peter F. Drucker)。他在《管理的实践》中提出,目标设定有五个基本原则,提示告诫他人在设定目标的过程中,不要只看到目标达成后的效果,而要在目标制定、实施、反馈的过程中,充分考虑到目标是否具体,是否可以量化,是否可以达成,是否对目标进行反馈,目标达成是否需要时间限制。制定目标原则看起来非常简单,但是为了使目标更具现实操作性、行动更具引领性,作为大学生的我们在设置行为目标的过程中必须认真学习并掌握运用 SMART 原则。

SMART 原则具体目标:

(1) S——明确性(specific)或重要的(significant)。所谓明确就是用具体的语言清楚地说明要达成的行为标准,明确的目标几乎是所有成功团队的一致特点。很多团队不成功的重要原因之一就是目标设定得模棱两可,或没有将目标有效地传达给相关成员。

(2) M——可衡量性(measurable)或者有意义的(meaningful)。可衡量性就是指目标应该有一组明确的指标作为衡量是否达成目标的依据,如果制定的目标没有办法衡量,就无法判断这个目标能否实现。

(3) A——可实现(attainable)或者有行动导向的(action oriented)。目标是为了

让执行人实现、达到的,在付出努力的情况下可以实现的。

(4) R——相关性(relevant)或者有收获的(rewarding)。实现此目标与其他目标的关联情况。

(5) T——时限性(tine-bound)或者可跟进的(trackable)。目标特性的时限性就是指目标是有时间限制的。大学生对于目标设定要有明确的时间限制,根据具体学习要求或工作任务的重要性、事情的紧急性,拟定出达成目标项目的时间要求。在此过程中要定期检查项目的完成进度,以便随时掌握项目进展的变化情况,这样是为了方便对自己的行动进行及时修正,以及根据工作的异常情况变化等及时地调整工作计划。

总之,大学生无论是制订自己的学习计划,还是规划未来的职业目标,都必须符合SMART原则,五个原则缺一不可。目标制定的过程就是提升对自身工作的掌控能力的过程,完成计划的过程就是对自我现代化管理能力历练和实践的过程。

### (二)计划性原则

凡事预则立,不预则废。计划性工作的习惯是做好时间分配和时间管理的关键。在实际工作中,应事先做出计划,按计划执行,并注意留出处理不可预计事务的时间。

#### 1. 合理制订计划

会不会利用时间,关键在于会不会制订完善的、合理的工作计划。为了管理好时间,首先需要确定时间管理目标和制订时间分配计划,然后按照计划去做。有效计划并不是要将未来每一天、每一周或每一个月都填满,而是在内容上侧重于什么时间需要做什么事情,哪些工作在这个时间段会是关键或重点,完成这项目标需要哪些工作的配合等。据此做出自己的行动计划指南表。

#### 2. 提高计划执行力

计划制订好后,就应该按计划执行,不被执行的计划就毫无意义。"今日事,今日毕"是高效率的表现。许多人做事拖拖拉拉,久而久之养成了今天的工作拖到明天,明天的工作拖到后天的习惯。可是每天都会有新的工作,"明日复明日,明日何其多"。所以我们要提高计划执行力,尽可能当天的工作当天完成,新的一天就着手解决新的工作。

#### 3. 必须留出处理不可预计事务的机动时间

再周详的计划,也可能会有意外情况发生,这是在制订计划时无法预料的。弥补的关键是事先留出处理不可预计事务的时间,以便对突发事件进行快速反应、及时部署,让有限的时间发挥更大的弹性。一般来讲,按照60/40原则安排会比较合适,即60%的时间为工作任务时间,40%的时间为机动时间。

## 三、优化执行目标的策略与方法

确定目标后,分析和评估目标的可行性、达成目标的可能性就成了当务之急。分析和评估目标通常需要从自身出发，进行一系列的考察和研究。问题分析法是通过回答一系列与目标达成相关的问题来对目标进行评估分析的方法。

通常，可以提出的问题包括：

（1）这个目标与我的价值观和信念一致吗？这个目标是否与我在个人生活中所追求的信念相一致？

（2）这个目标能在多大程度上满足我的兴趣爱好？在实现这个目标的过程中我能感到身心愉悦吗？

（3）这个目标是来自我的内心吗？还是别人或社会强加给我的？

（4）我有足够的动力去实现这个目标吗？我有足够的热情坚持下去吗？

（5）这个目标具有可行性吗？通过我的学习和努力能达到目标的要求吗？

（6）我具备实现这个目标的潜在能力吗？我能习得目标达成的所需技能吗？

（7）外部社会与环境在多大程度上支持我的目标达成？我能克服环境中的阻碍吗？

## 四、大学期间目标计划制订的策略和方法

### （一）目标计划的概念

目标计划是使决策落到实处的行动规划。尽管在日常生活和工作中，我们不是将每一个计划都用书面形式写下来，但至少会在心中有所规划，这个过程其实也是对事情计划准备的过程。古语云："凡事预则立，不预则废。"计划的制订对于指导工作正确、有序地开展是十分重要的。

### （二）目标计划的内容

五"W"法是一种归零思考法，即通过回答五个包含"W"的问题来思考个人职业的发展以及职业目标的可行性。

（1）Who are you？（你是谁？）回答这个问题，要求大学生对自身的情况进行自省。

（2）What do you want？（你想要的是什么？）大学生要在大一或者大二时明确自己的职业发展和学习需求，从长远的角度来查看目前的行为和目标是否一致。

（3）What can you do？（你能干什么？）对自己的能力与技能进行全面总结，评估自身职业发展空间的大小，考查能力与已经设定的目标之间的匹配程度。

（4）What can support you？（支持或允许你实现目标的客观条件有什么？）衡量自身的人际关系、社会支持等客观因素，思考这些因素在你的职业生涯中是否能起到助推作用。

（5）What you can be in the end？（你最终的职业目标是什么？）理解职业发展的最

终状态,从期望的职业目标考虑现状,衡量目前的目标与最终目标之间的相互关系,评估两者的一致性程度。

将长期的大目标分解为短期的小目标是保障实现终极目标的重要前提。例如,每个学年的任务都可以具体化为学年目标,再在学年目标的基础上分解为学期目标、月目标、周目标、日目标。保证完成大学四年的学习生活任务十分重要,因此大学生有必要首先设定大学期间的目标。

### (三) 大学生年度计划的内容

#### 1. 大一:了解自己,了解专业,适应生活

大一是形成良好学习习惯的关键一年。在这一年中,大学生需要对自己的能力特点、专业追求、未来发展有一个大体的了解,比如专业的学习内容、学习要求和就业情况,并全身心投入专业学习中。同时,大学生要积极参加学校的各项活动,提升计算机、英语等通识技能;职业院校的学生还要充分利用实践课或者实训的机会,锻炼自身的业务能力。这一年,大学生需要做好规划,有选择性地参加社团活动,协调学习和生活时间,不能因为丰富多彩的校园生活或社会活动影响专业学习。

#### 2. 大二:掌握知识,提升技能,综合发展

大二对于职业院校学生来说是转折之年。通过一年的专业学习,大家应该对自己的知识能力水平、综合能力有了较为深刻的理解,今后要继续在专业上深造还是步入职场,这些对未来的规划要逐步提上日程。大二这一年的主要任务是要更加深入地学习专业知识,使自己具备实战的能力,并且锻炼自己的社会交往、组织协调能力,同时有条件的可以多参加校外实践活动,走出"象牙塔"的庇护,到社会中历练。就业指导课是增强大学生就业能力的重要途径,大学生要充分利用就业指导课、创业创新课、生涯规划课等课程提升求职能力,在时间允许的情况下利用学校的实习信息、实习招聘会,了解实习的有关事项,在假期进行实习。

#### 3. 大三:制订计划,完成学业,坚定前行

职业院校一般采用"2+1"学习模式,即2年在校学习,1年实习实践。大三意味着学生要考虑毕业去向,是走出学校,开始实习就业,还是继续专升本、出国深造,还是要自主创业等。对于绝大部分学生来说,就业是最普遍的选择,因此这一年要寻找目标,了解当年就业政策,强化求职技巧,进行模拟面试等训练。同时积极参加宣讲会、招聘会投送简历,积累择业就业的实践经验,不断提高就业竞争力。打算继续深造的学生,则更要有恒心、耐心、决心,不能受其他同学或者外界因素的影响而摇摆不定。准备创业的学生,除了要有理想和抱负,更重要的是脚踏实地地工作,时刻保持清醒的头脑。不管怎样,大三过后大家都要各奔东西,无论选择哪条道路,一定要选择适合自己的、自己喜欢的道路,然后坚定不移地前进。

 **相关链接**

### 用 SMART 原则制订行动计划

请用 SMART 原则制订行动计划。

| 具体目标 | 分解目标 | 对应 SMART 原则 |
| --- | --- | --- |
| 本学期通过英语四级考试 | 一个学期 | T |
| | 通过英语四级考试 | S/R |
| | 保证每天至少 1 小时练习 | T/M |
| | 能够通过真题测试 | A/M |
| | 可以和外教进行 10 分钟对话 | A/M |
| | | |
| | | |
| | | |
| | | |
| | | |
| | | |
| | | |
| | | |
| | | |
| | | |

 **拓展阅读**

### 培养自控力：如何不吃那颗棉花糖

关于自控力最重要的科学发现：自控力是可以被训练出来的。

——沃尔特·米歇尔

在 20 世纪 60 年代末 70 年代初，心理学家沃尔特·米歇尔（Walter Mischel）进行了著名的"棉花糖实验"：他让一群 4 岁的幼儿园孩子独自待在房间里，除了一块美味的棉花糖，房间里没有任何其他东西。他告诉孩子们，他们可以现在就吃掉这块棉花糖，但如果他们能多等一会儿，就可以吃到两块棉花糖。

通过观察可以看到选择等待的孩子们有如下表现：

一些孩子不看棉花糖，选择走到另一边去，远离棉花糖，或是通过唱歌、玩手等方式来分散注意力。

一些孩子把棉花糖想象成抽象的东西，比如一朵云或者这只是一张棉花糖的照片。

一些孩子把棉花糖想象成不好的东西。

一些孩子把注意力集中在得到两块棉花糖的最终目标上。

而那些没有等到最后的孩子们是这样做的：

一些孩子盯着棉花糖，或者用手拿着棉花糖。

一些孩子在闻棉花糖的香味。

一些孩子会想象棉花糖有多好吃。

在后来的研究中，研究者发现，能为更大的奖励坚持忍耐更长时间的小孩表现出了更强的自控力，也通常具有更好的人生表现，如拥有更好的SAT成绩、教育成就、身体质量指数，以及其他成就。

尽管你不需要在即时吃一块棉花糖和等待吃两块棉花糖之间作出选择，但你可能需要在娱乐上网和复习考试之间作出选择，在睡觉和早起练习游泳之间作出选择——换句话说，你需要在长期的目标和短期的"奖励"（或者当时感觉像奖励）之间作出选择。因此，我们要努力增强自控力，学会延时满足，得到更多更好的"棉花糖"。

（资料来源：夫伦·巴鲁克-费尔德曼 著，黄玮琳 译，《坚毅力：青少年告别畏难放弃的行动计划》，机械工业出版社，2018年）

## 任务三

## 掌握时间管理方法，提高执行效率

对于大学生而言，可支配的时间很多，但是时间的充分利用率却是有限的。时间是最宝贵的财富，没有时间，计划再好，目标再高，能力再强，也是空谈。时间是大学生最重要的资源之一，因此，若要提高学习效率，就必须善于利用自己的时间，这样才能在有限的大学时光里提升自己的综合能力。时间管理的中心原则是"努力集中必要的批量时间去潜心做最重要的工作"。

### 一、利用时间管理培养良好的执行习惯

#### （一）时间管理能力的内涵

时间管理是管理学领域经常探讨的问题，它对企业管理、领导管理、组织管理具有重要意义和价值，是提升组织效能和领导管理水平的主要途径。时间管理是在时间消耗相等的情况下，为提高时间利用率和有效性而进行的一系列活动，包括对时间进行有效的计划和分配，以保证重要工作的顺利完成，并在此过程中能处理突发事件或紧急变化。对于大学生而言，时间管理是指大学生对个人的大学生活时间（包括学习时间和闲暇时间）主动地进行计划、控制等一系列的管理活动，最终实现最有效地利用时间来发展自我的目标。它以个人的自我管理为核心，以具体时间运用上的管理活动为主要内容，既包括运用有效的管理方法来节约时间、提高时间的使用效率，也包括克服和消除浪费时间的内外不利因素。

#### （二）时间管理能力是执行力的重要体现

大学生要学会时间管理，不是说要在一定时间内把所有任务都完成，而是要学会如何更有效地利用时间提升自我效能，降低任务的牵制感。时间不受人类主观意识控制，所以时间管理的对象不是"时间"，而是指面对时间而进行的"自我管理"。也就是说，通过时间管理，我们能够主动、有效地利用时间，让时间为自己服务，而不是在时间面前感到被动和困惑。怎么能在单位时间内完成更多的任务，取得更大的效益，才是我们追求的目标。时间管理的本质其实就是自我管理，时间管理能力是执行力的重要体现。

### (三)时间管理让执行力更有效

时间管理的目的是将时间投入到与你的目标相关的工作,达到"双效"(效率、效能),即让自己既能把事情很快做完(有效率),又能把事情做对做好(有效能)。因此,时间管理不是要把所有的事情做完,而是更有效地利用时间,探索如何减少时间浪费,以便高效地完成既定目标。时间管理的目的除了决定你该做些什么事情之外,另一个很重要的目的是决定什么事情不应该做。时间管理不是完全掌控,而是降低变动性。时间管理最重要的功能是把事先的规划作为一种提醒与指引,引导自己有条理地完成任务。因此,时间管理的最终目标,不仅仅是以高效的方式去管理时间,更是谋求人的创造性发展。

## 二、大学生执行力不足的具体表现

大学生执行力不足的表现重点集中在缺乏时间的自我管理能力方面。时间对于每个人来说都是平等的,过去了便无法追回。那么,为什么有些人可以在有限的时间里有所成就,生活得轻松自在、充实快乐,而有些人却整天忙忙碌碌、焦虑紧张、疲惫不堪,致使生活、工作、学习处于一片混乱当中?究其原因,我们会发现在琐碎的日常生活中,在不良的习惯的影响下,时间在不经意间被浪费了。大学生时间管理能力缺乏的表现如下:

(1)犹豫不决、患得患失、瞻前顾后、拖拖拉拉。花许多时间去思考尚未发生的事情,矛盾、焦虑、难下决定,找借口推迟行动,又会为没有完成任务而后悔。

(2)找东西。由于生活没有规律,东西乱放,浪费大量的时间去找东西。

(3)精力分散,时断时续,不能集中精力做一件事。在完成重要的事情时,一旦中断,就要花费时间重新进入状态,因而工作效率低下。

(4)懒惰、逃避。由于自身的惰性而选择逃避完成应该完成的事情,躲进幻想世界,无限期拖延。

(5)事无轻重缓急。在众多事情中抓不住重点,不分先后顺序,不懂得统筹安排。

(6)不懂授权。一个人包打天下,事无巨细,样样亲力亲为,不会把适当的事情委托他人,寻求协助。

(7)盲目行动。在没有预见、把握和详细计划的情况下盲目行动,往往在实施过程中或完成后需要重做。

(8)消极情绪。对所做的事情产生反感、抵触的情绪,不能全身心地投入。

(9)悔恨或空想。对过去的过错或得失感到悔恨,在记忆里浪费精力,或者凭空想象不切实际的未来,却不去行动。

(10)完美主义。过于追求完美,注重没有必要的细节;反复检查已完成的工作,导致耽误进度;对自己求全责备,不懂拒绝。

此外,交友频繁、应酬过多、没有重心、面面俱到等做法也会浪费大量的时间。

## 三、提高执行效率的时间管理原则

### (一) 帕累托原则

帕累托原则也被称作"二八定律",是由19世纪意大利经济学兼社会学家维尔弗雷多·帕累托(Vilfredo Pareto)提出的。他指出,在一个团队或一群人中,少部分人能创造出更多价值,即"80/20"原则。我们常说"一分耕耘一分收获",但作为时间管理的重要原则,"80/20"时间法则却提供了另一种说法。"80/20"时间法则告诉我们:20%的工作占整体工作价值的80%,所以应该集中80%的精力做好这20%的工作,而用剩余精力做另外80%的工作。它强调"一分耕耘多分收获",只要抓住重点,便可以获取多数成果。因此,大学生应该把最重要的项目挑选出来,专心致志地完成,用80%的时间来做20%最重要的事情,把时间用在更有意义的事情上。在实践中,我们经常看到20%的客户带来80%的销售额,80%的客户带来20%的销售额。从个人角度看,则应该将时间花于重要的少数问题上,让20%的投入产生80%的效益。

### (二) 帕金森原则

1958年,英国历史学博士诺斯古德·帕金森(Cyril Northcote Parkinson)出版了《帕金森定律》一书。书中提出了著名的帕金森时间定律:"工作会自动地膨胀占满所有可用的时间。"帕金森时间定律也被称为"爆米花"定律,即很少的玉米粒会膨胀成一箩筐爆米花。该定律指出,如果你给自己安排了充裕的时间从事一项工作,你会放慢工作节奏,或是增添其他项目,来填满这部分时间。在管理上,主要是指工作的杂务会扩大、膨胀,充斥在人们的工作时间内,使自己迷失方向,陷于杂务琐事之中。因此,帕金森原则提示我们,要给所有事情都设定完成期限,否则事情就像橡皮筋一样会被拉得很长,没完没了。

### (三) 注意力原则

在快速变化的知识经济时代,我们的注意力太容易被分散,太多的信息、太多的工作、太多的变化、太多的会议、太多的拜访、太多的打扰,还有来自各种本能的影响,使我们在自觉与不自觉中养成了不专注的习惯。为了让自己获得时间支配的主动权,我们需要不断集中注意力,也就是做任何事情都要一气呵成,最好不要中断。

### (四) 生物钟原则

人体生命活动的内在节奏就是我们常说的"生物钟"。一般人体生物钟分为早、晚

和兼有三类,大学生要认清自己属于哪种类型,从而利用自己生物钟的最佳时间,更好地发挥自己的能力。大学生在集体中生活,作息要按照学校统一要求安排,所以要有意识地调整节奏,控制时间,合理行动。

### (五)双效原则

每个人的时间都是有限的,所以要先做重要的事,从而取得高效能,即"做正确的事"。如果人们一味把时间和精力进行精确分配,"正确地做事",争取最高效率,反而会因为把时间绷得太紧而产生负面效果。"做正确的事"是首要目标,"正确地做事"是以"做正确的事"为前提和基础的。

## 四、提高执行效率的方法与策略

### (一) ABC 时间管理法则

美国管理学家阿兰·拉金(Alan Lakin)提出了 ABC 时间管理法则,以事务的重要程度为依据,将各种事务按重要到非重要的顺序分为 A、B、C 三个等级。ABC 时间管理法则是一种颇有成效的时间管理技巧,采用该法则可以使任务程序化,使工作更有效率。在所有任务中,不同任务的比例通常是固定的,时间管理成功的关键点在于,把需要完成的工作按照 A、B、C 三个等级顺序排列,从而确定工作的完成顺序。

#### 1. 最重要——A 级事务

A 级为最重要且必须完成的事务,是与实现自己的目标最相关的关键事务,如管理性指导、重要的客户约见、能带来领先优势或成功的机会等。A 级事务都是必须在短期内完成的任务,一旦完成,就会产生显著的效果;没有完成,则可能产生严重的,甚至是灾难性的后果。完成 A 级事务的关键是需要立刻行动起来去做。

#### 2. 较为重要——B 级事务

B 级为较为重要的事务,往往是指具有中等价值的事务,这类事务有助于提高个人或组织的业绩,但不是关键性的。B 级事务是应该在短期内完成的任务,虽然不如 A 级事务那样紧迫,但它仍然很重要。这些工作可以在一定期限内相应地推迟,但若规定的完成期限较短,就应该迅速将它们升为 A 级。

#### 3. 不太重要——C 级事务

C 级为不太重要且可以暂时搁置的事务,是指价值较低的一类事务,可以推迟完成,不会造成严重后果。该类事务中的有些任务甚至可以无限期地被推迟,但其他一些事务,尤其是那些有较长时间限制的事务,也会随着完成期限的临近而转变为 B 级或 A 级事务。

## （二）劣后顺序

每个人的时间都是有限的，花时间能真正获得改变的事情就是优先的。你之所以无法很好地改变，很可能是因为在有限的时间里做了太多本来不必做的事情。劣后顺序，是相对于优先顺序而言的，就是先决定要放弃的事情。而我们通常习惯按照优先级顺序做事情，就是按待办事情的紧急程度排序。例如，今天列出了任务清单，有10项任务有待完成，其中4项任务是你认为最应该去做的，而你的时间根本不够完成全部的工作。如果按优先顺序排列，你会将4项认为最应该去做的任务按紧急程度排序，最后摆在你面前的还是10项任务；如果按劣后顺序排列，将这10项任务按照能被推迟的程度排序，你就会将那10项中不是非做不可的任务舍弃掉，那么最后摆在你面前的任务就变成了4项。劣后顺序相对于优先顺序的优势在于，减轻因做不完任务带来的精神压力，并能让你将精力和注意力集中在必须完成的重要任务中，从而提高效率。

## （三）番茄工作法

### 1. 什么是番茄工作法

番茄工作法的发明者弗朗西期科·西里洛（Francesso Cirillo）当年在上大学进行期末考试复习时，需要在一下午复习完《社会学》第一章的所有内容。为了提高学习效率，西里洛把全部学习时间划分成一个个等长的部分，要求自己逐个完成时间等长的学习任务，还从厨房找来一个番茄形状的定时器督促自己集中精力学习。定时器的设置从一开始的2分钟，变成后来的25分钟，西里洛由此重获冷静思考的能力和自控力。最终他不仅通过了考试，还在未来的工作中取得了颠覆性的成就。因为那个番茄形的计时器，西里洛给这个方法取名为"番茄工作法"。用一句话描述番茄工作法，就是列出每天的工作任务，并分解为一个个25分钟的任务，然后逐个执行完成。

### 2. 番茄工作法的应用流程

（1）准备环节

首先，准备两张纸。第一张纸的内容和平时罗列任务清单一样，列出一天或者一定时间内所有准备完成的任务；另一张纸是专门列出某天一定要完成的任务。例如，某毕业年级的学生要专升本或者考研，他会把自己的任务定为考上理想的学校，而番茄工作法要求的清单是具体的某天一定要完成的任务，如今天必须完成一张真题试卷。

其次，定好时间。我们往往把任务的完成时间规定得很宽泛，比如今天读100页书，或背100个单词。但是番茄工作法的要求是明确完成一项任务需要多少个番茄钟（即多少个25分钟）。为什么要这样规定呢？人们在心理上常常会拖延，面对一个耗时的任务总会想先缓一缓。但是当你把任务拆解成几个25分钟要完成的事情时，压力就小多了，你就能专注于每个25分钟，从而高效完成整个任务。

(2) 执行环节

① 专注工作

专注工作就是要在这 25 分钟内心无旁骛、专注地工作。把复杂的大任务拆分成以 25 分钟为单位的几个番茄钟，这样每完成一个番茄钟就会给自己一个正面的激励和奖励，从而鼓励自己把重点任务一步一步攻克。在这个过程中，你也顺便克服了拖延症。它还有一个好处是，当以一个标准的番茄钟计时时，你就能更好地建立完成一个任务所要花费时间的"时间概念"。

专注工作 25 分钟说起来容易做起来难，因为总会有各种因素打断你的工作。这些因素既可能来自个人内部，也可能来自外部环境。

所谓内部打断，是指工作因为自己内心产生的一些想法而被打断。比如你在学习的时候突然想起来有个车票要抢购，于是停下工作去手机抢票了。为什么经常会有这样的情况发生？因为我们的想法是这样的：突然想起一个事儿，怕忘记它所以我得赶紧去做，等处理完了回来再接着完成工作不就行了吗？如果工作的 25 分钟里，因为处理其他事情耽误了 5 分钟，那么再多工作 5 分钟不就补回来了吗？相信大家都有这样的体验，如果我们的专注力被打断，大概要花 10～15 分钟的时间才能重新进入专注状态，所以实际浪费的并不仅仅是被打断的那 5 分钟。试想一下，如果你一天被打断 4 次，那就等于浪费了大约 1 小时的时间。因此，如果想要高效专注地工作，你就一定要保证这 25 分钟的时间尽量不被打断，而能够集中精力开展工作。

所谓外部打断，就是中途插入别人给我们安排的事情。比如在专注时间内正好收到父母来电，说有急事需要你帮助预约医生，这是你必须去做的事。外部的打断不像内部打断很容易自我控制，它往往是自己无法控制和调节的，那么你就只能将这个番茄钟作废了。

② 深度休息

在应用番茄工作法的时候，你可能会更注重对 25 分钟番茄时间的专注，不在意休息这个环节，即便到了休息的时间也还在继续工作，但番茄工作法特别强调休息的重要性。我们常常忙碌一整天，导致晚上五六点可能大脑都无法运转了，这其实是因为大脑没有得到足够的休息。番茄工作法要求我们必须在每一个番茄钟之后进行休息，就是为了能让人们有足够的精力保证后续的番茄钟完成。

深度休息包含两个方面：一是休息的时候尽量不要动用你的脑力思考，你可以去冥想、睡眠，或者起来喝杯咖啡，但是不要做大量消耗脑力的活动；二是尽量让自己的休息形成节奏，也就是 25 分钟的工作，5 分钟的休息。比如你进行了四五个番茄钟以后，可能有一个 20 分钟到半小时长休息的时间。这是要求我们在工作当中养成高效工作和高效休息的韵律节奏，从而让大脑建立一种节奏感。

(3) 后期回顾

当完成了一天所有的工作番茄钟以后，我们需要将完成情况和早晨预估的情况进行一个对比检查,看预估能完成多少个番茄钟,实际又完成了多少个番茄钟,为什么会出现这样的差异?我们对哪些判断得比较准确,哪些没那么准确?原因是什么呢?通过回顾总结,找出原因,然后把分析总结的经验应用到下一次的工作中,从而持续地改善我们的工作方法。在这个阶段你会发现,一个标准的番茄钟是非常重要的,因为我们在日常工作时是没有一个精确的时间概念的,我们常常不会在意完成一个工作到底花了多长时间。而当我们有一个标准的工作番茄钟的时候,我们就可以比较过去完成一个任务花费了几个番茄钟,而现在完成一个类似的任务又花费了几个番茄钟,我们是进步了还是退步了,原因是什么。这些思考能让我们更好地改进任务完成方法。

番茄工作法的设计符合科学规律,比如倒计时能调动紧迫感,标准番茄钟能建立生物钟等。并且,这个方法有助于我们大脑的专注思维和发散思维的交替使用。当然,番茄工作法也有其适用场景,你需要有至少半小时的整块时间,而且要提出需要专注思考解决的问题,这样工作或学习效率才会更高。

## 项目训练

### 一、番茄工作法训练

给自己制定学习活动任务,并运用番茄工作法记录任务完成情况。

Step 1:设定1个番茄钟30分钟,其中25分钟工作,5分钟休息。连续4个番茄时间后,休息15~30分钟,休息内容和时间自己来定。

Step 2:制作"今日待办事务"表,排好优先次序,定时器定好25分钟,开始进行列表上的第一个任务。

Step 3:第一个25分钟结束,在表后第一个方格中画"×",尽情休息5分钟(不要做任何脑力劳动!倒杯水,溜达溜达都行)后,再开启下一个番茄钟时间。如果你在预测的番茄钟时间内刚好完成任务,就将这项活动划掉。

Step 4:一天结束之际,在最后一个番茄钟时间里填一个记录表,将今天的工作可视化。

### 二、小测试

大学生时间管理行为问卷

该问卷包括34道题目,其中有15道正向题,19道反向题。采用李克特四点评分方式,"完全不像我""不太像我""有点像我""非常像我"分别记为1分、2分、3分、4分,反向题目(标有R的题目)记分方式则相反,即分别记为4分、3分、2分、1分。

1. 我对自己即将要做的事情总是有明确的目标。
2. 我很容易因为其他事情的干扰导致自己正在做的事情有始无终。(R)
3. 我经常在学习的时候想着玩,玩的时候又担心没有完成的学习任务。(R)
4. 我总是当日事,当日毕。
5. 我总是把一段时间(一天、一周、一月等)内要做的事情记录下来,做成备忘录。

6. 即使别人的请求会打乱我原来的计划,我也很难说出拒绝的话。(R)
7. 我总是先做自己喜欢做的事,而把不太愿意做的事情一拖再拖。(R)
8. 一旦制订了计划,我就能够坚持执行它。
9. 我经常会觉得脑子里有点混乱。(R)
10. 我通常都是凭着当时的心情来决定先做什么,后做什么。(R)
11. 即使未完成的事情让我产生压力,我也不想立刻就做。(R)
12. 每天晚上睡觉前,我总会想一下第二天要做的事。
13. 如果一件事情的完成期限是一个月,我一般不会在第一个星期就开始做。(R)
14. 我的私人空间(书桌、书架等)常常比较凌乱。(R)
15. 我会专门花时间对将来要做的事情做计划。
16. 只要是现在不紧急的事情,我就习惯于把它先放到一边。(R)
17. 上大学以来,我无所事事的时间很多。(R)
18. 如果有几件事要同时做,我经常要衡量它们的重要性来安排时间。
19. 我常会对将要做的事做些必要的记录,而不是依靠记忆力。
20. 我对我做的每一件事的目的和可能的结果都有清楚的认识。
21. 我目前的生活状态就像"当一天和尚撞一天钟"。(R)
22. 我从没想过主动去安排我的生活。(R)
23. 学习(听课看书、完成作业等)的时候,我总是很容易走神。(R)
24. 愿望和行动在我身上很难达到一致。(R)
25. 我会花比较多的时间去找到需要用的东西。(R)
26. 我总是把重要的事情安排到一天中精力最好的时间里去做。
27. 我通常根据重要性来安排学习内容的先后次序。
28. 学习任务繁多时,我有一种不知从何入手的感觉。(R)
29. 一般来说,只要我静下心来做事,外界的噪声干扰不了我。
30. 今天的事我不喜欢拖到明天或后天再做。
31. 考上大学之后,我几乎就没有明确的目标了。(R)
32. 新学期开始之时,我通常会制订本学年的学习计划。
33. 我做事情很容易半途而废。(R)
34. 我的书籍、资料等总是被我有条理地分类保管。

**评分说明:**
请统计你的综合分值,并判断你的时间管理能力。
1. 能力较差型(34~51分):对时间管理较为怠慢,长此以往如同自我抛弃。
2. 有待提高型(52~85分):想把时间充分利用,但是执行力和自控力较弱,急需提升时间管理能力。
3. 张弛有度型(86~120分):恭喜同学,这种状态最适宜了,既没有过分紧张,也没有过度松弛,要继续保持下去。

4. 压力过度型(121～136 分):同学,你的时间观念和时间管理能力非常强,但是长期如此,你有可能产生较大的心理压力,一定要学会放松,劳逸结合。

 **项目回顾**

1. 具有执行力对大学生来说有哪些重要意义?
2. 时间的管理方法与策略有哪些?
3. 如何对具体任务进行目标分析?

# 项目五

# 职业核心发展素养

## 项目导入

### 乔布斯用一句话拉来一个高管

对创新的渴望,对完美的追求,让乔布斯拥有不同于其他工程师和公司高管带给人们的惯有形象。从开创苹果公司到遭好友背叛离开苹果,再到重返苹果创造奇迹,乔布斯的经历可谓十分曲折。乔布斯穷其一生对完美的狂热追求使他为这个世界贡献了重大的革新。

1983年3月20日,乔布斯在美国纽约大都会艺术博物馆内欣赏古希腊雕塑,在他身边的是百事公司首席执行官约翰·斯卡利。过去几个月,乔布斯一直尝试着劝说斯卡利离开百事,加入苹果公司。两人离开博物馆后,步行穿过中央公园,往圣雷莫公寓走去,随后来到了公寓西边的阳台上,面前就是哈德逊河。就在那一刻,乔布斯说出了成功吸引斯卡利加盟苹果公司的名言——"你是想一辈子卖糖汽水呢,还是希望拥有一个机会来改变世界?"

这句话与"狂热的卓越"和"换一种思维",都是乔布斯一生中最著名的言论。而斯卡利之所以会被这句话打动,不仅是因为这句话包含的诱惑实在是令人难以拒绝,更重要的原因是,当时只有28岁的乔布斯已经做出了改变世界的壮举,并展现出了在今后二十多年内不断创造新奇迹的潜质。

## 启示

上述案例中,乔布斯不仅是商界和电脑技术领域最重要的人物之一,还是文化领域最具影响力的人物之一。他还改变了工程师和公司高管给人们的惯有形象,让人们意识到,这些人也可以像艺术家一样思考问题,还真正在全球竞争最激烈的行业领域实现了优秀设计和美学的完美结合。总之,乔布斯的伟大成就离不开他对创新发展的狂热与执着。

## 项目目标

1. 了解职业核心发展素养的基本内容。
2. 养成终身学习、吃苦抗压、勇于创新的职业品质。
3. 学会学习,并能够运用所学知识有效地应对压力,能够运用创新思维解决实际问题。

## 任务一

# 学 会 学 习

大学生迈入大学校园,接受大学教育,就开始了新的人生征程。教育正在向终身化发展,所以,大学并非奋斗的结束,而恰恰是奋斗的开始。大学的学业生涯是我们职业生涯的前奏,大学青春不虚度,我们的人生将更精彩。

## 一、学会学习,终身受益

1996年,国际21世纪教育委员会向联合国教科文组织提交了一份报告《教育——财富蕴藏其中》。报告提出了"现代教育由四大支柱支撑"的现代教育观念,它们是学会学习、学会做事、学会生活、学会发展。其中放在第一位的就是学会学习,即掌握认识世界的工具,以便从终身教育提供的各种机会中受益。联合国教科文组织的埃德加·富尔说:"未来的文盲不再是不识字的人,而是没有学会怎样学习的人。"说起学习,大家都不会觉得陌生,因为我们每个人都有至少十几年的学习经验。可是,你真的会学习么?你思考过大学学习和以前学习的不同吗?

### (一)大学生学习的特点

学习有狭义和广义之分。狭义的学习是指通过阅读、听讲、思考、研究、实践等途径获得知识和技能的过程,是一种使个体可以得到持续变化(知识和技能、方法与过程、情感与价值的改善和升华)的行为方式。广义的学习则是指人在生活过程中,凭借经验而产生的行为或行为潜能的相对持久的变化。

大学生学习是在教师的指导下,有目的、有计划、有组织地掌握系统的科学知识和技能,发展各种能力,形成一定世界观和道德品质的过程。大学生的学习是高层次的学习活动,在学习目的、方法、内容等方面都和中学学习有很大的不同,因而大学生的学习活动具有新的特点。

#### 1. 专业性

大学生的学习是在确定了基本的专业方向后进行的,因此学习的职业定向性较为明确,即为将来走上工作岗位,适应社会需要而进行学习。大学学习实质上就是一种专业学习。随着专业学习内容的逐渐深化,知识积累不断向深层次发展,在整个专业学习过程中,教师的指导性强于指令性,各个教学环节给大学生提出的任务和要求也更高、更复杂。因此大学生需要做好相应的思想准备。

### 2. 自主性

大学的学习虽然也强调教师的课堂教学,但教师授课之后的消化、吸收等各个环节要靠学生独立完成。另外,除了上课之外,大学生还有很多时间是可以自由支配的,这从客观上对大学生独立自主的学习能力提出了较高的要求,不能科学合理地安排好学习时间,制定相应的学习进程表,及时消化、吸收所学内容,就会出现学习适应不良的状况。学习内容的选择,是大学生独立自主的学习能力得以展示的重要方面。除了必修课外,形式多样的选修课也给学生提供了多样的选择。

### 3. 多样性

高职院校的课程设置主要分为三个类型:素养课程、专业基础课程和专业实训操作课程,这三类课程的学习都很重要。素养课程能够帮助学生建立正确的三观,启迪科学的思维方式,塑造优秀的品格,锻炼坚强的意志;专业基础课程主要学习专业概念和原理性知识,提高学生思考和解决问题的能力,为实训操作提供理论基础;实训操作课程主要是在理论知识的指导下,利用实训装置进行动手操作,增强学生的动手能力、协作能力,并与企业对接,尽量达到零距离上岗。此外,大学生的学习途径还有听讲座、自主阅读、上网查资料等。这一特点也给一部分大学生的学习带来困惑,有些学生能够充分地利用各种途径进行学习,而有的学生却只会听老师讲课。

## (二)提高学习效率的有效途径

一些同学早出晚归,勤奋刻苦,取得的成绩却不是很好;同样一堂课,有人学到了知识,有人似懂非懂,有人一无所获。因此,养成良好的生活习惯和有规律的生活作息,懂得科学的学习规律,掌握科学的学习方法,运用科学的学习手段,是提高学习效率的有效途径。

提高学习效率,要努力做到以下几点:

### 1. 学习时要精神饱满,全神贯注,心无杂念

(1)学会在精力最充沛的时候学习最需要心力的课程。

(2)提高学习效率,留出放松的时间。"痛快地玩、认真地学"是许多成功人士的学习秘诀。不间断地学习4个小时,远不如学习3个小时,休息1个小时来得效率高。所以劳逸结合是最佳的学习方法。

### 2. 健康体魄是学习的根本保证

(1)要保证充足的睡眠。

(2)坚持体育锻炼,以强健的体魄应对学习。

### 3. 制订学习目标,给自己施加一定的学习压力

(1)不要在松弛、散漫的环境里读书。教室或图书馆是最好的学习场所,这也是高

年级想升本、考研的学生天天在图书馆学习的原因。

（2）不要在学习时听音乐、看电视，或者在不安静的环境下学习。

### 4. 不要用太长的时间学习同一门功课

每天可以安排轮流学习几门课程。不同的科目可以锻炼大脑不同的区域，经常给大脑新的冲击和刺激，可以帮助大脑均衡发展。

### 5. 不要在没有准备的情况下走进教室

事先准备好要学科目的学习材料，上课前要做简短的预习。如果是特别难的课程，在预习的时候，可以先把不懂的地方标记出来，上课时认真听讲，请教老师。

 拓展阅读

## 小组合作学习

小组合作学习是世界上许多国家普遍采用的一种富有创意的教学理论与方略。由于其实效显著，被人们誉为近十几年最重要和最成功的教学改革。各国的小组合作学习在其具体形式和名称上不甚一致，如欧美国家叫"合作学习"。综合来看，小组合作学习就是以合作学习小组为基本形式，系统利用教学中动态因素之间的互动，促进学生的学习，以团体的成绩为评价标准，共同达成教学目标的教学组织形式。

小组合作学习是在班级授课制背景下的一种教学方式，即在承认课堂教学为基本教学组织形式的前提下，教师以学生学习小组为重要的推动力，通过指导小组成员展开合作，形成"组内成员合作，组间成员竞争"的学习模式，发挥群体的积极功能，提高个体的学习动力和能力，达到完成特定教学任务的目的。

### 1. 实施"小组合作学习"的教学过程

把全班学生按"组内异质、组间同质"的原则，根据性别比例、兴趣倾向、学习水准、交往技能、守纪情况等合理搭配，分成学习小组，每组6人为宜，按长方形围坐，以便启发引导之后，学生面对面地进行小组讨论。

### 2. 小组人员分工及分工标准

根据每个人的特长进行不同的分工。善于组织活动的学生为组长；善于记录的学生为记录员；善于表达的学生为中心发言人。为了让每一名学生都得到锻炼，定期轮换主发言人，使每人都有发言的机会。在主发言人表达之后，如有遗漏，中心发言人可以补充。

### 3. 小组合作学习中教师的角色定位

教师是全班小组合作学习的组织者和掌控者，是组内研讨的参与者，是小组研讨的引导者。

（资料来源：https://baike.baidu.com/item/%E5%B0%8F%E7%BB%84%E5%90%88%E4%BD%9C%E5%AD%A6%E4%B9%A0/1362749?fr=aladdin）

## 二、激发学习动机，培养非智力因素

学习中的非智力因素包括学习动机、自信心、意志力、心态等，它们与智商无关，却对学习效率起到决定性作用，且可以通过后天培养得到增强和提升。改善非智力因素能有效解决学习问题，提升学习能力。

动机是由某种需要所引起的有意识的行动倾向，它是激励或推动人行动以达到一定目标的内在原因。大学生的学习动机是直接推动学习的内部力量，是学习成功的原动力。有些学生总觉得对学习提不起劲来，一拿起书就觉得很厌烦，学习上拖拉、散漫，这些都是缺乏学习动机的表现。

### （一）学习动机的分类

学习动机一般分为两大类型：第一类，从作用持久性来看，有间接的远景性动机与直接的近景性动机。前者是与社会意义相联系的动机，这是社会要求在大学生学习中的体现。如青年马克思为人类幸福而奋斗的人生目标是在中学时代确立的，早年周恩来"为中华之崛起而读书"的理想，毛泽东将理想称为"人生之鹄"，这些都与大学生的世界观、人生观、价值观有着密切的联系，具有较大的稳定性和持久性，能在较长时间内发挥作用。直接的近景性学习动机是与学习活动直接联系的动机，是由对学习的直接兴趣、对学习活动的直接结果的追求引起的。如大学生为了获得学位、通过某门考试而学习，其作用短暂且不稳定，容易受情景影响。随着大学生知识经验的积累，世界观的形成，学习动机将更多地具有社会性，与未来的生活、工作理想紧密地联系在一起。这时，无论是与社会要求相适应的间接的远景性学习动机，还是与学习活动本身相联系的直接的近景性学习动机，都发展到了一个更高级的水平，更加稳定、深刻而持久。第二类，从动机产生的来源来看，可分为内部动机与外部动机。美国心理学家杰罗姆·布鲁纳（Jerome Seymour Bruner）认为，内部动机是由三种内驱力引起的：①好奇的内驱力，这是一种求知欲，驱使学习者产生探究反射；②胜任的内驱力，这是一种求成欲，在取得学习成就时获得满足；③互惠的内驱力，这是一种个人与他人和睦相处、协同合作的需要。内部动机来源于学习者对学习活动本身感兴趣，学习活动本身就能使他获得满足，学习者无需外力推动而自愿学习。外部动机是由某些外部权威人士（家长、教师等）人为地灌输给学习者的，由外部诱因激发的竞争、奖励都属于外部动机。内部动机效应强且持久，而外部动机效应弱且短暂。大学生的学习动机以自己的意识倾向为核心并受其支配，这种较高水平的自律性动机使得大学生的学习活动具有更高的自觉性。

### （二）学习动机对学习的影响

学习动机和学习的关系是辩证的，学习能产生动机，而动机又推动学习，二者相互

关联。动机可以强化行为方式促进学习，而所学到的知识反过来又可以强化学习的动机。动机具有促进学习的作用，对大学生而言，学习动机在学习中发挥着重要作用。

1. 学习动机决定学习方向

学习动机是以学习目的为出发点的，它是推动学生为达到一定的学习目的而努力学习的动力，没有明确的学习目标的学生自然不会产生动机力量。因此，学生首先要懂得为什么而学，朝什么方向努力。

2. 学习动机决定学习注意力

有研究表明，学习动机对学习活动的促进作用，主要是通过注意的加强来实现的。学习动机强的学生往往能够迅速地使注意力集中于学习的对象。

3. 学习动机影响学习效果

尤古罗格卢和华尔伯格（Uguroglu & Walberg）考察了大量的关于动机与成就关系的研究报告，分析了其中232项动机测量和学业成就之间的相关系数，发现其中98%是正相关（估计平均相关系数是0.34）。该调查覆盖面为一至十二年级的学生共637 000人，具有一定代表性。这一相关性表明，高动机水平的学生，其成就也高；反之，高成就水平也能引发高的动机水平。心理学家洛威尔在一项实验研究中，比较了其他条件相同而成就动机强度不同的两组大学生的学习效果。他给两组大学生被试者的任务是要求他们把一些打乱的字母组成词（如将b、a、n、k组成bank），结果显示，19名成就动机强的大学生在完成学习任务中能不断取得进步，而20名成就动机弱的被试者进步缓慢，且有倒退现象。洛威尔的实验同样证明了一个人的成就动机越强，学习效果就越好。

## （三）学习动机的激发

作为大学生，每个人都有学习需要，只是由于个体所处的客观环境对人的要求不同，每个人的具体需求存在一定的差异。学习动机的激发是指由于一定的诱因，使已经存在的学习需要由潜在状态变成活动状态，形成学习的积极性。

1. 提高认识

了解学习的意义所在，是激发大学生学习动机最直接有效的途径。只有认识到学习的重要性，才可能增强学习动机，才能够提高学习效率与成绩。知识就是力量，大学生要充分认识到未来社会的发展对知识的需求将会越来越强烈，知识的价值将越来越得到体现，国与国之间的竞争实际上就是人才的竞争，而社会上人与人之间的竞争实际上就是知识与能力的竞争。意识到学习对社会发展以及个人价值实现的重要性，了解到学习的重要价值，就会增强学生对学习的责任心和使命感，其学习动机就会更为强烈。

2. 培养兴趣

对所学专业厌倦，学习无精打采，很少感受到学习成功所带来的快乐，是学习动机缺乏的学生的常见表现。爱因斯坦说："真正有价值的东西并非从责任感产生，而是从人对客观事物的热爱与热忱中产生,热爱是最好的老师。"兴趣能让我们主动地、积极愉快地去探究某种事物或进行某项活动。表现在学习方面,就是对某一学科、某类书籍、某项活动特别感兴趣,学习起来不知疲倦,常常会自觉或不自觉地进入一种迷恋状态。浓厚的学习兴趣可以使学生对学习充满热情,能主动克服各种困难,全力以赴地实现自己的学习愿望。兴趣是学习动机中最现实、最活跃,且带有强烈情绪色彩的因素。值得指出的是,学习兴趣并不完全是天生的,是可以通过后天培养的。培养兴趣的途径有以下四种。

(1) 积极地自我强化。所谓自我强化,通俗地讲就是自己奖励自己。在学习的时候,如果取得了一定的成绩,或者达到了预想的目标,即便没人表扬,你自己还是会很高兴,好成绩本身会成为学生继续学习的激励。试想一个数学不好的学生,考试之前突然下决心考好,并下苦功夫复习,结果取得比以前好得多的成绩,他就会受到鼓舞继续认真学下去。努力的成果本身会成为正强化强化他的行为,同时这样的进步也会得到老师表扬,受同学注目。那么,他在下次考试前还会努力学习,这样数学成绩就会渐渐提高。正强化可以产生"学数学真有乐趣""真盼着下一次考试"这样的想法,使他喜欢上数学。而他对数学的兴趣又会较容易地迁移到别的科目上,从而有可能对英语等学科感兴趣,并为此而努力学习。

(2) 运用积极的自我暗示。暗示既能产生正面影响,也能产生负面影响。每当学习时,满怀热情、充满自信、心情愉快地对自己说:"这门功课很有用,这门功课很有意思!""我一定能学好它!""我对这门课充满兴趣!"在头脑中形成获得学习成功的愉快情境和生动形象,将暗示训练与实际学习活动结合起来,带着训练产生的愉快心理去学习,效果会很好。如此长期反复练习,就会形成坚定的信念,并嵌入潜意识,从而带来意想不到的学习效果。

(3) 带着问题去学习。抓住本学科中一些没有定论的、有争议的问题,广泛搜集资料,通过独立思考,提出自己的看法,这往往会使你对此学科产生强烈的兴趣。

(4) 积极主动地参与学习实践活动。学生应该尽可能多地参加学习活动来激发学习兴趣。比如我们现有的实验课、实习课等,都是很好的学习实践。学习实践既能动手操作,又能积极思考解决问题,多练习、多实践,不断加深和拓宽基础知识和基本技能,从而激发求知欲,培养学习兴趣。

### 3. 树立目标

学习目的,是指学生进行学习所要达到的结果或实现的目标。学习动机作为促使学生达到学习目的的动因,总是以某种学习目的为出发点。人有了明确的学习目的,学习就有了动力。只有树立明确的学习目标,才能产生强烈的学习动机,使自己保持高度的学习自觉性。因此,学习目的作为产生和保持学习动机的因素,在学习行为中起着重要的指导作用。

学习目的有远大与短近之分。远大的学习目的是建立在社会需要的基础之上的,如"为祖国富强而学习"。短近的学习目的是与学习的具体活动或具体教学要求相联系的,如准确理解某个词的含义就是课堂教学要求的反映。大学生在学习过程中,既要有长远明确的目标,又要有短近具体的学习目的,后者是有效完成学习任务,从而成功达到远大学习目的的关键。确定具体的学习目的时,应掌握三个原则:一是求近不求远,要完成某项学习是眼前的事,而非指向遥远的未来;二是具体明确而非笼统模糊,没有明确的学习目标,就不能做到有的放矢;三是分析个体情况,明确个性化的学习目的,要具有一定的挑战性。

### 拓展阅读

#### 世界技能大赛金牌得主曾是中考落榜生

2019年8月底,在俄罗斯喀山举行的第45届世界技能大赛上,来自江西省电子信息技师学院的选手肖星星参加了电气装置项目,并斩获金牌,实现了我国在该项目上金牌零的突破。2014年6月,中考失利的肖星星入读江西省电子信息技师学院电子技术应用专业,他像寻找到人生大门的崭新钥匙一样重拾希望。当年的肖星星暗下决心,要掌握扎实的技术技能,改变自己的命运。

课堂上,肖星星总是最认真的一个,一到周末就一头扎进技能学习的实训场地。"第一眼的感觉就是淳朴、老实。"肖星星的导师赖勋忠说,当初肖星星选了自己主讲的选修课,"他特别刻苦,自主学习能力很强。这一点给我印象很深。"

肖星星每天早上5点多就起床,在操场跑步5公里,然后学1小时英语。早上9点,肖星星的训练正式开启:安装器件、线槽桥架和管路,设计电路,敷设电缆,电气箱接线,安装开关面板和灯具,KNX箱接线,连接电缆;接下来是通电,编程,调试;最后排除电路故障。肖星星既需要在环境内大范围跑动,又需要在安装部分精细准确。实训室六面有五面封闭,加上穿戴着各项防护用具干活,说是"蒸桑拿"一点也不为过。就在这样的环境下,他每天的训练时长都超过12小时。

"完美地做好了作品,并且做得比别人好,我享受这个过程。"肖星星说,他享受每次训练完大汗淋漓的感觉,享受安装调试成功的喜悦。成就完美作品的背后是对工艺细节的精益求精,是周而复始地做好同一件事。误差控制在1毫米、控制线路安装出错率为零……肖星星说:"我布下的线要用50年以上。"

"学技术是比较苦,但是更多需要热爱,技艺提高对我来说是一件很有乐趣的事情。"肖星星不喜欢片面强调学技术的辛苦。他说,即使没有世赛金牌,他依然对高技能之路充满自信。

(资料来源:https://www.sohu.com/a/337982160_115423)

从上述肖星星的案例可以看出他进校就找到了学习的兴趣,并一步步制定了目标,为之努力,最终实现了自己的理想。学习动机是以学习目的为出发点的,它是推动我们为达到一定的学习目的而努力学习的强大动力。没有明确的学习目标自然不会产生动机力量,因此,我们首先要明白为什么而学,朝着什么方向努力。做好学业规划,为成功实现就业或创业打好基础。

## 三、培养终身学习的习惯

### (一) 终身学习的概念及理论形成过程

终身学习的思想古已有之,儒家创始人孔子就是终身学习的倡导者和践行者,他坚持向身边人、向一切事物学习,不断拓展自己的学习领域,到了晚年还整理编撰了六经;日本亦有"修业一生"的观念。1965 年,联合国教科文组织成人教育计划科科长保罗·郎格朗(Paul Lengrand)第一次提出了"终身教育"的理念,"学会生存""终身教育""学习化社会"等观念传遍全世界。1973 年,美国卡耐基高等教育委员会编写了《迈向学习社会》一书,书中描述了学习社会的构想,解释了从传统学习向新的学习方式转变的原则。1979 年,罗马俱乐部发表题为《学无止境》的研究报告,提出面向未来的"创新性学习"。1990 年,世界全民教育大会通过《世界全民教育大会宣言——满足基本学习需要》,以此告诉人们,人类社会命运共同体维系的基本前提是全体人民都能享受应有的教育。1994 年,首届世界终身学习会议召开,会议提出了终身学习是 21 世纪的生存概念,认为人们如果没有终身学习的概念,就难以在 21 世纪生存,并采纳"终身学习"的定义为:"终身学习是通过一个不断支持的过程来发挥人的潜能,它激励并使人们有权利去获得他们终身所需要的全部知识、价值、技能和理解,并在任何任务、情况和环境中有信心、有创造性和愉快地应用它们。"1996 年,联合国教科文组织发布了报告《学习:内在的财富》,提出了学习的四大支柱,即"学会认知""学会做事""学会共同生活"以及"学会生存",同时宣扬终身学习和学会学习理念。

总之,人类文明已发展到了一个新的转折点,学习从来没有像现在这样成为一个人最基本的生存能力,学习是我们每一个人乃至整个社会开启富裕之门的钥匙。"终身教育"和"终身学习"的概念提出后,各国普遍重视并积极实践。我们常说"活到老学到老""学无止境",其实就是强调终身学习的重要性。终身学习是每个社会成员为适应社会发展和实现个体发展的需要而进行的,贯穿于人的一生的持续性学习过程,这启示我们,在学校学习过程中要养成主动的、不断探索的、自我更新的、学以致用的和优化知识的良好学习习惯。

### (二) 终身学习的特点

#### 1. 终身性

终身性是终身教育最大的特征。它突破了正规学校的框架,把教育看成是个人一生中连续不断的学习过程,是人们在一生中所受到的各种培养的总和,实现了从学前期到老年期的整个教育过程的统一。它包括了教育体系的各个阶段和各种形式。

2. 广泛性

终身教育既包括家庭教育、学校教育,也包括社会教育。可以说,它包括人的各个阶段,是一切时间、一切地点、一切场合和一切方面的教育。终身教育扩大了学习天地,为整个教育事业注入了新的活力。

3. 全民性

终身教育的全民性,是指所有的人都可以接受终身教育,无论男女老幼、贫富差别、种族性别。联合国教科文组织汉堡教育研究员达贝提出,终身教育具有民主化的特色,反对教育知识为所谓的精英服务,使具有多种能力的一般民众能平等获得教育机会。而事实上,当今社会中的每一个人都要学会生存,而要学会生存就离不开终身教育,因为生存发展是时代的主题,要生存就必须会学习,这是现代社会给每个人提出的新课题。

4. 灵活与实用性

终身教育具有灵活性,表现为任何需要学习的人,都可以随时随地接受任何形式的教育,学习的时间、地点、内容、方式均由个人决定。人们可以根据自己的特点和需要选择最适合自己的学习形式。

### (三) 终身学习是实现劳动者价值的需要

1. 终身学习是职业生存的需要

过去,一个人只要在学校学好一门专业,就可以一辈子当专家;学会一种技术和手艺,就可以受用终身。可是随着现代科学技术的发展,许多行业已不再遵循代代相承的方式,尤其是信息技术的迅猛发展,对人们的生活方式、学习方式产生了重要的影响,终身学习的重要性也越来越明显。"只有终身学习,终身受教育,才能终身就业",这已经成为现代劳动力市场的一条基本规律。

2. 终身学习是被尊重的需要

劳动者想要受人尊重,首先得有一定的学识,具备较高的素质。而学习是获得这一切的前提和必要条件。学习是人类生存和发展的重要手段,终身学习是个体发展的必由之路。"活到老学到老"是每个人应有的学习观,如果个体不能经常更新知识结构,不能对新知识、新技能保持好奇与敏锐,就有可能落后于时代的脚步,成为别人眼里的"老古董",甚至被职场和社会淘汰。

3. 终身学习是提高幸福感的需要

幸福感是一种心理体验,它既是对生活的客观条件和所处状态的一种事实判断,又是对生活的主观意义和满足程度的一种价值判断,是在生活满意度基础上产生的一种积极心理体验。而幸福感指数,就是衡量这种感受的主观指标数值。终身学习可使个体紧跟时代的脚步,获得社会的认可,提高个人的认知水平,促进职场发展,个人生活的满意度也会因此提升,从而提升幸福指数。从对幸福感影响因素的分析中不难发现,就业状况、收入水平、教育程度等因素起着至关重要的作用,而这些因素无不可以通过终身学习获得。对于个体来说,只有通过自己的刻苦努力,坚持不懈地学习和实践,才能把握时代的脉搏,跟上时代的步伐,进而拥有较好的职业和收入,提升职业幸福指数。

### 4. 终身学习是适应社会和实现个人梦想的必然要求

学习是人类生存和发展的重要手段,要想更好地适应社会,驰骋职场,终身学习是必由之路。21世纪是"知识爆炸"的时代,知识老化加速,职工更替频繁,社会变化急剧,必须通过学习,不断丰富自己,以拥有足以应对社会发展的知识。坚持终身学习,可以促进学识、能力和素质全面发展,提升个人的社会竞争力,适应飞速发展的社会,进而实现个人梦想。

## (四) 培养终身学习的习惯

有人说:播种一种态度,收获一种行为;播种一种习惯,收获一种命运。大学生在校期间应积极培养如下学习习惯。

### 1. 主动学习的习惯

主动学习,是指把学习当作一种发自内心的、反映个体需要的活动。它的对立面是被动学习,即把学习当作一项外来的、不得不接受的活动。主动学习的习惯主要包括六个方面的内容:一是把学习当成自己的事情;二是对学习有如饥似渴的需要;三是对自己的学习进行及时有效的评价;四是主动调整自己的学习行为,以适应不同的环境和需要;五是遇到困难坚持不懈;六是要正确对待别人的帮助。

### 2. 不断探索的习惯

不断探索,就是在未知的领域里,凭借自己的兴趣爱好积极寻找和发现问题,并多方寻求答案,解决疑问。要想发现问题,首先要对周围的事物、现象,对听到和看到的观点、看法有浓厚的兴趣。其次,还需要不断丰富自己的信息资源。信息资源,既包括人的方面的资源,也包括知识方面的资源。

### 3. 自我更新的习惯

自我更新,就是不固守已经掌握的知识和形成的能力,从发展和提高的角度,对自己的知识、认识和能力不断进行完善。培养自我更新的习惯可从以下几方面入手:要心态开放;培养对新事物、新现象的敏感性;要善于进行反思;时刻保持虚心求教的态度;重视别人的意见,主动纳言。

### 4. 学以致用的习惯

常常听到有学生抱怨学校里学的东西没有用,果真如此吗?学不致用,当然无用;学以致用,自然会有用。在我国现阶段的学校教学中,可能由于种种原因,老师并不能经常引导学生把学到的知识与生活实践联系起来,很少给学生出一些生活应用类的题目,而更多选择把一段时期学习的专题,甚至多种学科的多个专题的知识结合起来,进行综合运用。"学以致用"的精髓,一方面在于把间接的经验和知识还原为活的有实用价值的知识。这个还原的过程需要一双敏锐观察的眼睛和始终思考的心灵。一双敏锐的眼睛,让你去观察现实世界里的现象是什么样子的,而始终思考的心灵,则让人们不断去发现现象背后隐藏的规律;另一方面在于动手。理论上行得通的东西,在实践中做起来可能远远比想象的复杂得多。"纸上得来终觉浅,绝知此事要躬行",动手做一做,比单纯的"纸上谈兵"要来得更具体、更全面,也更直观。对于技术性的工作,最优秀的往往不是学历高的人,而是有操作倾向、操作能力和操作经验的人。

培养学以致用的习惯,可从以下两方面入手。首先,要经常观察和思考。观察和思考是一切智慧的源泉。现象和规律都是客观的存在,就像果园里的苹果年年都会往下掉,被砸中的人也不计其数,却只有牛顿因此发现了万有引力定律,这就是观察和思考的结果。可以说,几乎所有的发现都来源于细心的观察和思考。其次,要学会"做"。"做"是这一习惯的核心,我们要不断动手实践,验证自己提出的想法和观点。

### 5. 优化知识的习惯

在知识社会里,信息浩如烟海,会"游泳"者生,不会"游泳"者亡。这里的"游泳"就是指管理知识与处理信息。可以肯定地说,21世纪最重要的学习能力就是学会管理知识和处理信息。个体不可能也不需要记住所有的知识,但他应该知道去哪里可以快速找到自己需要的知识;个体不可能也不需要了解所有的信息,但他应该知道最重要的信息是什么,并且明确自己该怎么行动。

要实现科学管理知识和处理信息,首先要学会反思。中国能实现改革开放,得益于对历史与现实的反思;全体人类拥有和平与发展的共识,并越来越重视环境保护,也得益于对历史与现实的反思;每一个人取得真正的进步,无不得益于对过去的反思。人之所以为人,反思是特别重要的特点之一。其次,科学管理知识和处理信息,还要学会有效地利用计算机和网络,同时要在了解的基础上避免对计算机和网络的不良运用。

培养优化知识的习惯应注意以下要点:

一是要多思考。做错了题,首先要自己主动思考,而不是急于去向老师、父母和同学求得正确答案。学习是一个"悟"的过程,而"悟"是别人替代不了的。做完了作业,首先要自己检查,自己反思总结。

二是要多复习。读书学习有一个把书变薄再变厚的过程,即读完厚厚的书或学完一门课,经过反思悟出最重要、最精华的知识,这就是把书由厚变薄。抓住知识要点再加以联想、引申、升华,薄薄的东西便逐步加厚,又成为一本厚书。但是,这已经不是原来的书,而是学习者个人独创的书。

三是要多动笔。俗话说:"好记性不如烂笔头。"写作比讲话往往更深刻、更严谨,是反思的基本方法之一。如写日记、写读书笔记等方式,都值得大力提倡,这对自己的成长有特殊意义。每个人的成长过程都是自我意识发展的过程,是个人与社会互动的过程，必定伴随着酸甜苦辣，而这些都需要自己去一一品味。

四是有效利用互联网。计算机和互联网有如此强大的作用和影响，我们要学会健康高效地利用互联网。

 拓展阅读

### 中职生率 200 博硕本科生创业，年营收过亿元

进入技校学习对李振全来说是偶然也是必然。1991 年，李振全在哈尔滨一家国营单位工作。一个偶然的机会，他陪一位亲戚的孩子到深圳技师学院报考卡通动画专业，听了老师的介绍，李振全做出了一个大胆的决定，毅然从公司辞职，以 29 岁的"高龄"进入深圳技师学院脱产学习卡通动画专业，成为了校园里年龄最大的学生。毕业后，李振全认为自己年龄太大，如果进入大公司，与更年轻的毕业生熬加班拼技术并无优势，而自己的优势是社会阅历较为丰富，有一些创业和管理经验。于是，他开启了艰辛的创业之路。公司创立于 2004 年，创始人李振全等 6 名高管均是深圳技师学院设计学院的毕业生。近年来，许多国内外名牌大学的研究生、本科生纷纷加盟，员工人数突破 200 人，员工学历构成包含博士、硕士、本科等。如今，李振全的广告公司年营业额接近 1 亿元，已成长为全球顶尖的交互展示提供商，拥有数十项专利及软件著作权，是国家高新技术企业、国家一级广告企业，长期提供优秀展览展厅综合解决方案、数字多媒体和创新互动体验的全方位服务交互展示，并成为华为公司多媒体展览展会广告领域最大的供应商。

李振全作为"过来人"，建议刚毕业的学生，清晰地思考、了解自己的短板和长处，找准自己的定位，"技能类人才要务实，像一个工匠不断去磨炼，把一件事做到极致"。另外，他还提醒在校生们要积极学习，提升学习能力和创新意识。在当今这个高速发展的社会，唯有不断地学习才是应对未来变化最好的方法。

（资料来源：《南方都市报》，2020 年 1 月 18 日）

## 任务二
## 吃苦抗压

21世纪,吃苦精神与抗压能力仍然是我们需要具备的核心品质。职业教育要培养学生吃苦耐劳的精神,进而使得学生可以更好地掌握专业知识与技能;同时提升学生的抗压能力,为以后的职业生涯作准备。

### 一、吃苦精神

#### (一) 真正的吃苦是什么

吃苦的本质是长时间专注于某一件事情,研究它的发展,在长时间专注的过程中,忍受不被理解的孤独。吃苦本质是一种禁欲能力、自控能力、坚持能力和深度思考能力。

学习是苦的,创业是苦的,生活是苦的,几乎每个人都吃过苦头,但不是每个人都能成功。有些苦是不必吃的,有些苦是必须吃的,吃不同的苦,会获得不同的结果。"苦"不是看你做了多少事,流了多少汗,而是看你吃的苦有什么价值。真正的吃苦是看你有没有把自己的资源用在正确的地方。每个人都有一块"田",这块"田"可以是我们的生命、时间、精力、天赋、志趣、注意力——这些都是我们最根本的资源。经营资源如同经营企业,你要把所有的资源高效用在最有价值的事情上才行。但有所为,皆有结果,这就是人生的耕耘之道。

#### (二) 吃苦耐劳的职业精神

吃苦耐劳是中华民族的传统美德,也是年轻人应具备的优良品质之一。从现实生活来看,在单位里受到领导重视,得到同事尊重,在事业上有大发展的人,都是那些在工作中吃苦耐劳、踏踏实实、兢兢业业的实干苦干者。

很多用人单位在录用新人时并不只招聘有高学历的人,更需要那些在工作上能吃苦,肯于从小事做起的真正的优秀人才。这些年,吃苦耐劳精神对一些年轻人来说越来越陌生了,这从他们的择业观上便能得知。很多年轻人愿意留在大城市工作,喜欢找舒适的单位,愿到办公室工作,却根本不希望进工厂、去一线、下基层,或者去农村创业。

就算是"委屈"自己先就了业,许多年轻人也是身在曹营心在汉,这山望着那山高,难以安下心来踏实工作。凡此种种,都是心浮气躁、缺乏吃苦耐劳精神所导致的。其实每一个岗位都能锻炼人,而且越是基层的地方,接触的事情越多,获得的经验越丰富,潜能被激发得越充分,才智和能力也提高得越快。很多成功人士在谈及自己的成长经历时都认为,是基层的艰苦环境磨砺了自己。

## 二、抗压能力

### (一)心理压力概述

心理压力指外界环境的变化和机体内部状态所造成的人的生理变化和情绪波动。导致心理压力的因素很多,而且来源、性质不尽相同。可能是来自社会的,也可能是来自家庭的;可能是积极的,也可能是消极的;可能是有益的,也可能是有害的。不管怎样,人面对压力时总要采取某种方法适应它。一般来说,积极的、有利的心理压力对人的健康不会造成危害;短暂的心理压力对人的身心健康也危害甚小。长期的心理压力会使人在生理上产生过度反应,消极的、有害的心理压力如果不能得到正确纾解,往往会导致种种疾病。心理压力与人的工作效率关系密切,适当的心理压力可以提高人的工作效率,但过大的压力会使人的工作效率大大降低。

### (二)心理压力来源

心理压力来源又称压力源,是指引起压力反应的因素,是作用于个体,使个体产生压力反应的各种刺激。简言之,凡能引起心理压力反应的各种内外环境刺激均可以被视为压力源。

日常生活中的压力源是多种多样的,一般将压力源划分为生理的、心理的、社会的、文化的和时间的五大类。

#### 1. 生理压力源

生理压力源是指直接作用于躯体的理化与生物刺激,以及直接阻碍和破坏个体生存与种族延续的事件,包括自然环境中的突发灾害,如地震、洪水、风暴、高原缺氧、沙漠高温、干旱缺水等;生物环境中的异常变化,如高温、低温、辐射、噪声、干燥、外伤、疾病、药物、强酸、毒品及病原微生物、寄生虫等。另外,躯体创伤、疾病、饥饿、性剥夺、睡眠剥夺等均属生理压力源。

#### 2. 心理压力源

心理压力源是指直接阻碍和破坏个体正常精神需求的内在和外在事件,包括错误的认知结构,个体的不良经验,道德冲突以及长期生活经历造成的不良个性心理特点(易受暗示、多疑、嫉妒、自责、悔恨、怨恨等),或是生活、训练、学习、人际关系失调导致

的心理冲突和挫折情境等。心理冲突和挫折是最重要的两种心理压力源。一个人从上学到工作、从提拔到退休,历经角色转换、角色适应、目标确立到实现目标,始终存在个人目标实现与组织对高素质人才需求的矛盾,而不符合客观现实与规律的认识与评价是产生心理压力的主要原因。

### 3. 社会压力源

社会压力源是指直接阻碍和破坏个体社会需求的事件,包括纯社会性的(重大社会变革、重要人际关系破裂等)和自身状况造成的人际适应问题(如社会交往不良)。参加重大活动,以及升职、婚姻、恋爱、亲人患病或死亡、夫妻分居、子女教育等生活事件,都可归入社会性压力源。除了重大的生活事件对人产生影响外,一些琐碎、烦恼的小事日积月累,同样也会对人产生影响。如不断被挑剔、被忽视,工作不熟练,发生小事故、忘记某事、被迫应酬、受窘、堵车、恶劣天气、被误解、迟到、被打扰等。

普通的人际关系也会造成心理压力。只要是两个或两个以上的人构成关系,关系中的人就不可避免地感到压力,只不过这种压力有明显和不明显之分。人际关系的压力主要来自几个方面:相互竞争,希望自己比别人表现优异;控制他人却不愿被他人控制;力图使自己的言行符合他人的标准;想取悦别人以便达到某种目的等。社会压力程度较轻时人们的状态都很正常,但是在程度较重,甚至让人感觉到不快的时候,就要考虑做出一些改变了。

### 4. 文化压力源

文化压力源是指从一种语言环境或文化背景进入到另一种语言环境或文化背景中而产生的压力,包括语言、风俗习惯、生活方式、宗教信仰等社会文化环境的改变。如青年应征入伍,远离家乡和亲人,居住在多民族地区,面对语言文化背景环境的改变,从学习基本文化知识到学习高精尖专业技能的"文化迁移"等。

### 5. 时间压力源

时间压力描述的是个体对拥有的时间感到不足甚至匮乏的主观感知现象。时间压力是现代社会中人们经常面对的重要问题,随着社会竞争的日趋加剧与生活节奏的日益加快,越来越多的人发出了"时间都去哪儿了"的疑问。德国的一项样本为 35 000 人的时间使用调查数据发现,47.3%的个体处于时间匮乏的处境当中;中国社会科学院发布的《2011 年度中国家庭幸福感调查报告》指出,52%的人认为过大的时间压力是导致自己不幸福的重要原因。可以看到,在当今快节奏社会下,时间压力问题广泛存在于人们的生活之中,并对人们的工作和生活产生了重要的影响。

## (三)心理压力分类

压力的种类通常可分为正性压力、中性压力和负性压力(急性压力和慢性压力)。正性压力是有益的压力,产生于个体被激发和鼓舞的情境中。而当压力持续增加,正性压力会逐渐转化为负性压力,个体的工作绩效或健康状况随之下降,患病的概率增加。

中性压力是一些不会引发后续效应的感官刺激，它无所谓好坏。

心理学家耶基斯（R. M. Yerkes）和多德森（J. D. Dodson）通过大量研究发现，压力水平与工作绩效和身心健康水平间呈"倒U"形相关（图5-1）。即当压力水平适中时，人的工作绩效和健康状况是最佳的，此时，与压力有关的荷尔蒙可以帮助我们提高身体的效能和信息处理能力；而当压力低于或高于这个适中水平时，人体各方面的机能就会开始下降，工作绩效降低，患病概率也会增加。

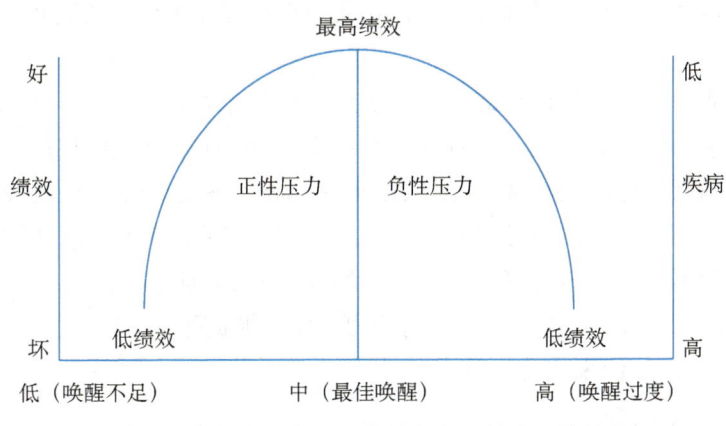

图5-1 压力水平与工作绩效和身心健康之间的关系

## （四）调节心理压力的方法——心理训练

心理训练能在调节心理压力的过程中发挥积极作用，其对提高干预对象的心理素质、应对能力甚至工作能力等方面都能产生积极的影响。

### 1. 心理适应能力训练

心理适应能力是个体对外界环境及其变化做出适应性反应的一种心理能力。适应能力强者，无论遇到多么艰难困苦、复杂多变的环境，都能临危不惧、处变不惊，并始终保持稳定、冷静、积极的态度；而适应能力弱者，则往往表现出过分的紧张、惊恐和被动应付。心理适应能力不是固有的，而是在教育、训练与管理实践活动中逐渐形成的，只有通过自觉、严格的心理训练，才能最终形成抵抗各种压力的较强心理素质。

心理学研究表明，人脑对刺激物的适应程度是随着人的实践活动变化的。对于经常执行各种高危任务的群体来说，就是要紧密结合任务的特点，有目的、有针对性地进行各种复杂情况下的心理适应性训练，使其熟悉和习惯于复杂任务条件下可能出现的各种刺激因素，掌握克服和减轻各种刺激物侵袭时的心理负荷的方法，保持心理平衡，为赢得任务胜利奠定良好的心理基础。提高个体心理适应能力的训练可以通过多种方法、途径来进行，如通过学习有关压力应对的知识，使人们掌握自我调控的技巧；通过场景模拟，使人们建立起与所执行工作任务相一致的新的心理活动方式。

### 2. 心理承受能力训练

心理承受能力是指个体承受外界强烈刺激的心理能力。当一个人心理负荷超出一定限度,就会产生心理疲劳,诱发心理障碍,甚至造成心理创伤。心理学研究表明,个体经过心理训练之后,面对外界的强烈刺激,往往能够比较自觉地调节心理紧张程度,使其保持适度的紧张状态,提高心理活动能力,从而使心理承受力不断增强。因此,在平时的训练活动中应当充分利用这种机制,采取科学方法,模拟可能产生压力的情况,对个体的心理进行冲击,以提高他们的心理"抗震"能力、负重能力,从而扩大其心理承受容量。

心理承受能力训练不是被动的适应性训练,而是建立在人们对压力特点充分认识理解基础上的主动性训练。人们只有学习掌握有关压力的知识及其应对方法,才能在应激过程中准确判断危险的程度,并采取恰当的措施。事实证明,当出现较为熟悉的压力事件时,因为有心理准备或知道如何应付,个体就会表现出较强的心理承受力;相反,当出现不了解和不熟悉的压力事件时,因为没有心理准备且不知道如何应对,个体就容易产生慌乱情绪。因此,提高个体的心理承受力,必须加强对压力及其应对方法的学习,并充分利用相关知识来实施训练。

### 3. 自我意识训练

自我意识是对自己身心活动的觉察,即自己对自己的认识,具体包括认识自己的生理状况(如身高、体重、体态等),心理特征(如兴趣、能力、气质、性格等)以及自己与他人的关系(如自己与周围人的关系,自己在集体中的位置与作用等)。总之,自我意识就是自己对于自己身心状况的认识。个体能洞察自己的一切,才能自觉对自己的行为进行积极的调节和控制。自我意识的成熟被认为是个性基本形成的标志,它在人的社会化过程中具有相当重要的地位。自我意识是个体社会化的结果,同时,自我意识的形成和发展又进一步推动个体的社会化。

由于自我意识在个体的发展过程中是循序渐进的,是在自我认识、自我体验和自我监控三种心理成分相互影响、相互制约的过程中发展的,所以,自我意识的训练要建立在自我意识发展规律的基础上,结合日常生活、学习和劳动,采取灵活多样的方式,从而促进我们认识自我、评价自我、体验自我和调整自我,促使我们的自我意识健康发展。

(1) 自我认识

自我认识在自我意识系统中处于基础地位,属于自我意识中"知"的范围,其内容广泛,涉及自身的方方面面。自我认识训练的重点应放在三个方面:第一,认识自己的身体特征和生理状况;第二,认识自己在集体和社会中的地位及作用;第三,认识内心的心理活动及其特征。

(2) 自我评价

自我评价是自我认识的核心部分,是自我意识发展的主要标志,在认识自己的行为和活动的基础上产生,通过社会比较而实现。大学生的自我评价能力普遍不强,往往不是过高就是过低,大多数人自我评价过高。因此,要提高自我评价能力,就应学会与同伴进行比较,通过比较做出客观评价;还应学会借别人的评价来评价自己,学会用一分为二的观点评价自己。由于自我评价是自我认识的核心,它直接制约着自我体验和自我调控,所以,进行自我意识训练的核心应放在自我评价能力的提高上。

（3）自我体验

自我体验是主体由对自身的认识而引发的内心情感体验,是主观的我对客观的我所持有的一种态度,如自信、自卑、自尊、自满、内疚、羞耻等。自我体验往往与自我认知、自我评价有关,也和自己对社会的规范、价值标准的认识有关,良好的自我体验有助于自我监控的发展。进行自我体验训练,就是要增强个体的自尊感、自信感和自豪感,不自卑、不自傲、不自满,使人们随着年龄增长懂得做错事的内疚感、做坏事的羞耻感。

（4）自我监控

自我监控是自己对自身行为与思想言语的控制,具体表现为两个方面:一是发动作用,二是制止作用,也就是支配某一行为,并抑制与该行为无关或有碍于该行为发生的行为。进行自我认知、自我体验训练的目的是进行自我监控,调节自己的行为与认识活动,提高学习、工作效率,使行为符合群体规范,符合社会道德要求。

为提高自我监控能力,我们应将重点放在促进由外控制向内控制的转变上。一个人如果自我约束能力差,常常会在外界压力和要求下被动地从事实践活动,比如只有教师要求做完作业后检查,才会进行检查。针对这种现象,进行自我意识训练可以帮助个体学会如何借助外部压力,发展自我监控能力。

 相关链接

**生活中的减压小妙招**

1. **享受音乐进行放松**

平常喜欢听歌或者唱歌的小伙伴,可以借助音乐来减压。音乐能够使人处于心神宁静的状态,尤其是轻音乐、钢琴曲、伴奏,人处于这些音乐声中,往往会感觉非常放松、舒适。平常休息或者睡觉的时候,听听音乐,在音乐声中入睡也是挺不错的。但要注意,高分贝的音乐反而会消耗人的精力。

2. **借助运动来减压**

人处于高压状态时,精神几乎是崩溃的,生理上也会感觉特别不舒服。运动能让身体释放积压的能量,排解压力,对睡眠也有很大的帮助。可以选择简单的运动,如放松肩膀、拍拍腿,也可以选择打球、跑步、游泳等耗能较大的运动。

3. **情感倾诉**

有压力,心里比较郁闷,找个人倾诉是非常好的一种方式。找些朋友,谈谈最近的状况,把情感释放出来,不仅有助于减压,而且能增进朋友之间的感情;当然也可以写下

来,文字记录也是一种释放压力的方式;还可以找专业的心理专家倾诉,这些都是可以尝试的方法。

#### 4. 转移注意力

当你充满烦恼或者感觉压力特别大的时候,不妨约几个朋友大吃一顿,或者去商场购物,让自己处于高兴愉快的状态。吃东西是一件享受的事情,吃到好吃的食物会特别有满足感;而买东西则会很有收获感,看到采购战果会很有成就感。

#### 5. 保持专注

人会产生压力,通常都是因为某件事情,那就从这件事情入手,让自己专注解决这件事情,一门心思攻克难关。如果还是烦恼,就让自己安静地闭上眼睛,停止思考几分钟,之后再继续专心攻克难题。同时要保持不服输的心态,坚信一定会解决问题。等到问题解决时,心情自然也就放松了。

### 人大代表柴闪闪:奋斗的人生才是幸福的人生

我是全国人大代表、中国邮政集团有限公司上海市邮区中心局接发员柴闪闪。2004年,我带着两件衬衫和一件外套,从湖北辗转来到上海,成为了一名邮政劳务工。那时候,邮政快递行业所有岗位都要依靠人工操作,最多的时候我一天要装卸近万袋邮件。一天下来大家都累趴下了。但只要想象到用户收件那一刻的微笑,我就感觉所有的付出都值得!十几年过去了,我已从一名普通农民工成长为中国邮政集团有限公司上海市邮区中心局的接发员、高级工,成了我们单位的业务能手和青年骨干,并荣幸地当选为全国人大代表。我们新生代的农民工渴望学习、向往获得尊重,我们相信,只有奋斗的人生才称得上幸福的人生!

刚到上海工作时,夏天,我们顶着近五十度的高温在火车车厢里装卸包裹;冬天,我们站在站台上装卸邮件,等待下班列车的间隙常会冻得瑟瑟发抖。当时的农民工没有一项拿手的技能,想要留在大城市,太难。2009年,企业更多的关键性岗位逐步向劳务工开放,我们外地户籍农民工有了更多的晋升机会。2011年,我有幸参加了公司举办的业务练兵大赛。比赛内容是熟记全国2 600多个地名、快速画出全国铁路干线图、背熟理论知识材料。4个多月里,每天早晚我都背诵理论知识。最终,我获得了五项全能总分第一的成绩。大赛也免去了我考技工级别的时间限制,就这样我从初级工一路成为一名邮件转运高级工,也拥有了更广阔的发展空间。2013年,我成为上海开放大学在职专科生,我觉得只有不断学习,才能"混出来"、留下来。这些年的经历让我深刻领会到,实体经济的发展,既需要领军的创新型高端人才,也需要满天星一样的基础性技能后备人才,这是相辅相成的。

我们农民工,只要足够努力,不需要羡慕任何人。走进人民大会堂,我知道我背后是数以万计的农民工,我得扛起履职的责任！2018年,我结合自己在快递行业的经历,提出加大农民工技能的提升力度,提供持续"再培训"的资金投入,同时对农民工群体开展适时性、适用性职业技能培训等提出建议。2019年,我调研走访时发现,部分企业为快递员购买的是意外保险,快递员难以得到工伤保险等有效保障。于是我提出建议:有关部门应加大对快递员劳动合同签订和"五险一金"缴纳的督查力度,将工伤险纳入快递员必须参加的保险险种之列。此外,针对快递员工作时间长、劳动强度大、没有多余的时间去学习或休闲娱乐的问题,我提出企业要控制和优化接单量、配送量,完善配送绩效奖励考核制度等建议。今年2月10日,我参加了上海王港邮件中心夜班生产,为防疫物资的快速转运提供力所能及的支援。今年两会,我就加强基础性技能人才成长环境营造等方面提建议,希望为更多的普通劳动者营造更好的成长环境,使他们更好地为城市发展发挥作用。

习近平总书记说:"中国的伟大发展成就是中国人民用自己的双手创造的,是一代又一代中国人接力奋斗创造的。"小时候,我对美好生活的向往,就是一年吃肉的次数可以超过过节的次数。如今,我和我的同事们都感到,靠双手,靠劳动,有了更多获得感、幸福感、安全感。今天,我们朝着实现全面建成小康社会目标又迈进了一大步,我也对生活有了更多的新期待。我希望每个人都能在奋斗中获得闪闪发光的人生！未来,我会继续坚守在快递员这个岗位上。这份工作连接着千家万户,容不得半点的疏忽和大意。我会始终把敬业、钻研当作习惯,把奋斗、拼搏作为常态,真正做到干一行、爱一行、精一行。樱桃好吃树难栽,我相信,每一分付出,都将怀抱收获,每一种奋斗,都将被人铭记。奋斗最出彩,因为我们生逢崭新时代！

(资料来源:《中国青年报》,2020年5月26日)

## 苦难的精神价值

维克多·弗兰克是意义治疗法的创立者,他的理论已成为弗洛伊德、阿德勒之后维也纳精神治疗法的第三学派。第二次世界大战期间,他曾被关进奥斯维辛集中营,受尽非人的折磨,九死一生,只是侥幸地活了下来。在《活出意义来》这本小书中,他回顾了当时的经历。作为一名心理学家,他并非像一般受难者那样流于控诉纳粹的暴行,而是尤能细致地捕捉和分析自己的内心体验以及其他受难者的心理现象,许多章节读来饶有趣味,为研究受难心理学提供了极为生动的材料。不过,我在这里想着重谈的是这本书的另一个精彩之处,便是对苦难的哲学思考。

对意义的寻求是人的最基本的需要。当这种需要找不到明确的指向时,人就会感到精神空虚,弗兰克称之为"存在的空虚"。这种情形普遍地存在于当今西方的"富裕社会"。当这种需要有明确的指向却不可能实现时,人就会有受挫之感,弗兰克称之为"存在的挫折"。这种情形发生在人生的各种逆境或困境之中。

寻求生命意义有各种途径,通常认为,归结起来无非一是创造,以实现内在的精神能力和生命的价值,二是体验,藉爱情、友谊、沉思、对大自然和艺术的欣赏等美好经历获得心灵的愉悦。那么,倘若一个人落入了某种不幸境遇,基本上失去了积极创造和正面体验的可能,他的生命是否还有一种意义呢?在这种情况下,人们一般是靠希望活着的,即相信或至少说服自己相信厄运终将过去,然后又能过一种有意义的生活。然而,第一,人生中会有一种可以称做绝境的境遇,所遭遇的苦难是致命的,或者是永久性的,人不复有未来,不复有希望。这正是弗兰克曾经陷入的境遇,因为对于奥斯维辛集中营的战俘来说,煤气室和焚尸炉几乎是不可逃脱的结局。我们还可以举出绝症患者,作为日常生活中的一个相关例子。如果苦难本身毫无价值,则一旦陷入此种境遇,我们就只好承认生活没有任何意义了。第二,不论苦难是否暂时的,如果把眼前的苦难生活仅仅当作一种虚幻不实的生活,就会如弗兰克所说忽略了苦难本身所提供的机会。他以狱中亲历指出,这种态度是使大多数俘房丧失生命力的重要原因,他们正因此而放弃了内在的精神自由和真实自我,意志消沉,一蹶不振,彻底成为苦难环境的牺牲品。

所以,在创造和体验之外,有必要为生命意义的寻求指出第三种途径,即肯定苦难本身在人生中的意义。一切宗教都很重视苦难的价值,但认为这种价值仅在于引人出世,通过受苦,人得以救赎原罪,进入天国(基督教),或看破红尘,遁入空门(佛教)。与它们不同,弗兰克的思路属于古希腊以来的人文主义传统,他是站在肯定人生的立场上来发现苦难的意义的。他指出,即使处在最恶劣的境遇中,人仍然拥有一种不可剥夺的精神自由,即可以选择承受苦难的方式。一个人不放弃他的这种"最后的内在自由",以尊严的方式承受苦难,这种方式本身就是"一项实实在在的内在成就",因为它所显示的不只是一种个人品质,而且是整个人性的高贵和尊严,证明了这种尊严比任何苦难更有力,是世间任何力量不能将它剥夺的。正是由于这个原因,在人类历史上,伟大的受难者如同伟大的创造者一样受到世世代代的敬仰。也正是在这个意义上,陀斯妥耶夫斯基说出了这句耐人寻味的话:"我只担心一件事,就是怕我配不上我所受的苦难。"

我无意颂扬苦难。如果允许选择,我宁要平安的生活,得以自由自在地创造和享受。但是,我赞同弗兰克的见解,相信苦难的确是人生的必含内容,一旦遭遇,它也的确提供了一种机会。人性的某些特质,惟有藉此机会才能得到考验和提高。一个人通过承受苦难而获得的精神价值是一笔特殊的财富,由于它来之不易,就决不会轻易丧失。而且我相信,当他带着这笔财富继续生活时,他的创造和体验都会有一种更加深刻的底蕴。

(资料来源:周国平,《周国平自选集》,海南出版社,2004年)

## 任务三

# 敢于创新

"创新是一个民族进步的灵魂,是一个国家兴旺发达的不竭源泉,也是中华民族最鲜明的民族禀赋。""创新是引领发展的第一动力,是建设现代化经济体系的战略支撑。"21世纪是一个以创新为特征、充满竞争的世纪,是一个用智慧创造财富、实现个人价值的世纪。

创新是推动人类社会向前发展的重要力量。时代发展呼唤创新,创新已经成为世界主要国家发展战略的重心。在激烈的国际竞争中,唯创新者进,唯创新者强,唯创新者胜。创新发展是中华民族复兴的国运所系,实施创新驱动发展战略,推动以科技创新为核心的全面创新,让创新成为推动发展的第一动力,是适应和引领我国经济发展新常态的现实需要。我国改革开放事业进入攻坚克难的关键时期,更加呼唤改革创新的时代精神。改革创新推动中国走向富强。

## 一、对创新概念的解释

谈起创新,许多人认为:创新很神秘、很高大上;创新是高智商、高学历的人做的事情;创新主要是在科学研究领域,普通人根本难以企及……真的如此吗?

习近平同志指出,创新可大可小,揭示一条规律是创新,提出一种学说是创新,阐明一个道理是创新,创造一种解决问题的办法也是创新。可以说,这一重要论述适用于各个领域。创新具有丰富的内涵和多样的形式,只要能突破陈规、有所改进,无论大小都可以称得上是创新。生活从不眷顾因循守旧、满足现状者,从不等待不思进取、坐享其成者,而是将更多机遇留给勇于创新、善于创新的人。只要积极进取、敢想敢做,就能进行不同程度、不同类型的创新。

在我国悠久的历史文化中,创新文化、创新思维无处不在。早在商朝,就已经有"创新"的记载。《礼记·大学》中,汤之《盘铭》曰:"苟日新,日日新,又日新。"这是商朝的开国君主成汤刻在澡盆上的警词,旨在激励自己要持之以恒,每天做到除旧图新。老子在《道德经》中写道:"天下皆知美之为美,斯恶矣;皆知善之为善,斯不善矣。故有无相生,难易相成,长短相形,高下相倾,音声相和,前后相随。"这就是一种创新思维。北宋理学家程颐说:"君子之学必日新,日新者日进也。不日新者必日退,未有不进而不退者。"他

认为,君子学习一定要做到"日新",就是每一天都要有进步。创新有三层含义:一是更新,对原有的东西予以替换;二是创造新的东西,创造出原来没有的东西;三是改变,对原有的东西进行发展和改造。

到底什么是创新?从上面的分析中可以看出,创新是人类特有的认识能力和实践能力,是人类发挥主观能动性的高级表现形式。从哲学角度来看,创新是人类为了满足自身需要的创造性实践行为,是对旧事物所进行的替代和覆盖;从社会学角度来说,创新是人们为了发展需要,运用已知的信息和条件,突破常规,发现或创造某种新颖、独特、有价值的新事物、新思想的活动;从经济学角度来说,创新是人类在特定环境中,以现有的知识和物质改进或创造出新事物,并能获得一定有益效果的行为。创新是一种精神、一种探索、一种意念。青年学生学习、实践创新所需要培养的就是创新的精神、创新的思维。

## 二、培养创新精神

### (一)什么是创新精神

创新精神是指具有能够综合运用已有的知识、信息、技能和方法,提出新方法、新观点的思维能力,和进行发明创造、改革、革新的意志、信心、勇气和智慧。创新精神属于科学精神和科学思想范畴,是进行创新活动必须具备的心理特征,包括创新意识、创新兴趣、创新胆量、创新决心及相关的思维活动。创新精神是一种勇于抛弃旧思想、旧事物,创立新思想、新事物的精神。例如,不满足于已有认识(掌握的事实、建立的理论、总结的方法),不断追求新知;不满足于现有的生活生产方式、方法、工具、材料、物品,根据实际需要或新的情况,不断进行改革和革新;不墨守成规(规则、方法、理论、说法、习惯),敢于打破原有框架,探索新的规律、新的方法;不迷信书本、权威,敢于根据事实和自己的思考,向书本和权威提出质疑;不盲目效仿别人的想法、说法、做法,不人云亦云、唯书唯上,坚持独立思考,说自己的话,走自己的路;不喜欢一般化,追求新颖、独特、异想天开、与众不同;不僵化、呆板,灵活地应用已有知识和能力解决问题。所有这些,都是创新精神的具体表现。

### (二)创新精神的培养

#### 1. 对所学习或研究的事物要有好奇心

好奇心是创新精神的源泉。牛顿自少年时期起就有很强的好奇心,他常常在夜晚仰望天上的星星和月亮。星星和月亮为什么挂在天上?星星和月亮都在天空运转着,它们为什么不相撞呢?这些疑问激发了他的探索欲望。后来,经过专心研究,他终于发现了万有引力定律。能提出问题,说明在思考问题。好奇心包含着强烈的求知欲和追根究底的探索精神,要想创新,就必须有强烈的好奇心。正像爱因斯坦说的那样:"我没有特别的天赋,只有强烈的好奇心。"

#### 2. 对所学习或研究的事物要持怀疑态度

不要认为被前人验证过的都是真理。许多科学家对旧知识的扬弃,对谬误的否定,无不是从怀疑开始的。怀疑是内在的创造潜能,它激发人们去钻研、去探索。只有对自己所学习或研究的事物持怀疑态度,才能另辟蹊径,寻找新的方向,追求新的目标,采用新的方法,从而实现创新。

#### 3. 对所学习或研究的事物要有求新欲望

如果没有强烈的追求创新的欲望,那么无论怎样谦虚和好学,最终只能在前人划定的圈子里盘旋,沦为模仿或抄袭。要创新,就要有强烈的创新欲望,并且坚持不懈地努力,勇敢面对困难,直到创新成功。

#### 4. 对所学习或研究的事物要有求异观念

不要"人云亦云"。创新不是简单的模仿,要有创新精神和创新成果,必须要有求异的观念。求异实质上是换个角度思考,并将结果进行比较。求异者往往要比常人看问题更深刻、更全面。

#### 5. 对所学习或研究的事物要有冒险精神

创新实质上是一种冒险,因为否定人们习以为常的旧思想可能会招致公众的反对。冒险不是那些危及生命和肢体安全的冒险,而是一种合理性冒险。只有具备了冒险精神,才能最大限度地挖掘自己的创造潜能。

#### 6. 对所学习或研究的事物要做到永不自满

一个有创新精神的人,如果因取得一定的创新成果而就此止步,害怕去尝试另一种可能更好的做法,或已习惯了一种成功的思想而不能产生新思想,那么这个人就会变得自满,而停止创新。

## 三、创新思维

### (一)创新思维的含义

所谓思维,是指人脑利用已存在的知识,对记忆中的信息进行分析、计算、比较、判断、推理、决策的动态活动过程。思维是对事物的间接反映,它通过其他媒介作用于已有的客观事物,并借助于已有的知识、经验、条件推测未知的事物。它是获取知识及运用知识求解问题的根本途径,是人类区别于其他动物的最根本特征。在自然界的竞争中,思维帮助人类在优胜劣汰的规则中脱颖而出。人有着任何其他动物都无法比拟的思维能力,人靠着思维所显示的无限智慧而不断探索、利用自然。

创新思维是对事物间的联系进行前所未有的思考,从而创造出新事物的思维方法,

是一切产生崭新内容的思维形式的总和。凡是能发现新例子、想出新点子、创造出新事物的思维都属于创新思维。

### （二）创新技法——创新思维的外显形式

创新技法是创新思维的外显形式，可分为组合法、设问法、分析列举法、联想类比法、逆向转换法等。

#### 1. 组合法

组合法是指按照一定的技术原理或功能目的，将现有的科学技术原理或方法、现象、物品做适当的组合或重新安排，从而获得具有统一整体功能的新技术、新产品、新形象的创新技法。

#### 2. 设问法

设问法是以提问的方式寻找发明的途径，从不同的角度、方面来进行设问检查，对拟改进创新的事物进行分析，使问题具体化，以缩小需要探索和创新的范围。

#### 3. 分析列举法

分析法是把整体分解成部分，把复杂的事物分解成简单要素，分别加以研究的一种思维方法。列举法是通过列举有关项目来促进全面考虑问题，从而形成多种构想方案的方法。分析列举法有助于改善思维方式、克服心理障碍，在创造发明活动中有重要作用。

#### 4. 联想类比法

联想类比法是根据事物之间相近、相似或相对的特点，进行由此及彼、由近及远、由表及里的比较联想的思考方法。联想类比法在技术创新、科学研究和各种创造活动中均有使用。

#### 5. 逆向转换法

人们将通常思考问题的思维反转过来，以悖逆常规、常理或常识的方式去寻找解决问题的新路径、新方法，这种逆向思维进行创新、开发的方法就是逆向思维法。逆向思维可以挑战思维惯性，克服心理定势，在技术创新、理论创新、产品创新上有突出的作用。

## 四、突破思维障碍

思维是人脑对客观事物的概括和间接的反应过程。如果人总是沿着一定方向、按照一定次序进行思考，久而久之会形成一种惯性，我们称之为"思维惯性"。如果对于自己长期从事的事情或日常生活中经常发生的事务产生了思维惯性，多次以这种思维惯性来对待客观事物，就会形成较为固定的思维模式，我们称之为"思维定势"（Think Set）。思维惯性和思维定势结合起来，很容易形成思维障碍。我们要进行创新，首先就需要突破思维障碍。

 拓展阅读

**天才也需要突破思维的障碍**

故事一：拿破仑被流放到圣赫勒拿岛后，他的一位善于谋略的好友通过秘密方式给他捎来一副用象牙和软玉制成的国际象棋。拿破仑爱不释手，从此一个人默默下起了象棋，打发寂寞痛苦的时光。象棋被摸光滑了，他的生命也走到了尽头。拿破仑死后，这副象棋经过多次转手拍卖。后来一个拥有者偶然发现，有一枚棋子的底部居然可以打开，里面竟是如何逃出圣赫勒拿岛的详细计划！

故事二：心算家伯特·卡米洛从来没有失算过。这一天他表演时，有人上台给他出了道题："一辆载着283名旅客的火车驶进车站，有87人下车，65人上车；下一站又下去49人，上来112人；再下一站又下去37人，上来96人；再下一站又下去74人，上来69人；再下一站又下去17人，上来23人……"

那人刚说完，心算大师便不屑地答道："小儿科！告诉你，火车上一共还有……"

"不，"那人拦住他说，"我是请您算出火车一共停了多少站？"

阿伯特·卡米洛呆住了，这组简单的加减法成了他的"滑铁卢"。

天才也需要突破思维的障碍。两个故事，两个遗憾。他们的失败，都是败在思维定势上。军事家想的只是消遣，心算家思考的只是老生常谈的数字，他们忽略了象棋的"象棋"，数字的"数字"。由此可见，一味在自己的思维定势里打转，天才也走不出死胡同。无数事实证明，伟大的创造、天才的发现，都是从突破思维定势开始的。

## 五、创意开发的具体方法

### （一）分析法——SWOT分析方法

创意需要以一定的客观情况为基础，因而在创意开发过程中，应对企业的内外部环境进行分析，以求做出正确的、切实可行的创意，而不致被带入空想的歧途，使企业遭受不必要的损失。目前采用的比较成熟的创意开发分析方法之一是SWOT分析方法。

所谓SWOT分析，即基于内外部竞争环境和竞争条件下的态势分析，就是将与研究对象密切相关的内部优势和劣势、外部的机会和威胁等，通过调查列举出来，并依照矩阵形式排列，然后用系统分析的思想，把各种因素相互匹配加以分析，从中得出一系列带有一定决策性的结论。

S（Strength，优势）和W（Weakness，劣势）是组织机构的内部因素，分别代表竞争中的强势和弱势因素。优势具体包括：有利的竞争态势、充足的财政来源、良好的企业

形象、强大的技术力量、较大的规模、优秀的产品质量、较大的市场份额、具有成本优势、广告宣传到位等。与之相对应,劣势具体包括:竞争力差、资金短缺、经营不善、缺少关键技术、产品积压、设备老化、管理混乱、研究开发落后等。

O(Opportunity,机会)和T(Threat,威胁)是组织机构的外部因素,机会代表对企业有利的因素,威胁代表不利因素。机会具体包括:新产品、新市场、新需求、市场壁垒解除、竞争对手失误等。威胁具体包括:新的竞争对手出现、替代产品增多、市场紧缩、行业政策变化、经济衰退、客户偏好改变、威胁性突发事件等。

SWOT分析方法具有分析直观、使用简单的优点,企业在进行创意开发的过程中常以此为重要的分析工具。但也正是因为这些特性的存在,SWOT分析法不可避免地具有精度不够的缺陷。如果只根据此分析结果做出判断,不免带有一定程度的主观臆断。因此,在运用SWOT分析方法罗列分析企业创意开发环境时,要尽量客观、真实、精确,可提供一定的定量数据来弥补SWOT定性分析的不足,构造高层定性分析的基础。

### (二)协作法——头脑风暴法

头脑风暴法是常用的创意思维策略,又被称为智力激励法、BS法、自由思考法。美国创造学家亚历克斯·奥斯本(Alex Faickney O'sborn)于1939年首次提出这种方法,并于1953年正式发表研究成果。其基本原理是:不局限思考的空间,鼓励想出越多主意越好;只专心提出构想而不加以评价。创意产生的过程即为创意的收集整理阶段,创意的激发和生成在此阶段同时进行。在创意开发具体方法中,头脑风暴法被归到协作法中,强调的是集体协作,突出集体的创造性思维,是发散思维的延伸。

实践经验证明,头脑风暴法可以对所谈论问题进行客观、连续的分析,最终找到一组创意切实可行的方案。

拓展阅读

### 直升机扇雪

有一年,美国北方格外寒冷,大雪纷飞,电线上积满冰雪,大跨度的电线常被积雪压断,通信受到严重影响。许多人试图解决这一问题,但都未能如愿。后来,电信公司的经理应用奥斯本发明的头脑风暴法,举行了一场针对此问题的讨论会议,并成功解决了这一难题。

在会议过程中,有人提出设计一种专用的电线清雪机,有人想到用电热来化解冰雪,还有人提出能否带上几把大扫帚,乘坐直升机去扫电线上的积雪。对于这种"坐飞机扫雪"的设想,尽管大家心里觉得滑稽可笑,但在会上也无人提出批评。相反,有一名工程师在百思不得其解时,听到用飞机扫雪的想法后灵光一闪,一种简单可行且高效率的清雪方法冒了出来：每当大雪过后，出动直升机沿积雪严重的电线飞行，依靠高速旋转的螺旋桨即可将电线上的积雪迅速吹落。他马上提出"用直升机扇雪"的新设想，顿时又引起其他与会者的联想，有关用飞机除雪的主意一下子又多了七八条。不到1小时，与会的10名技术人员共提出90多条新设想。

会后，公司组织专家对设想进行分类论证。专家们认为设计专用清雪机，采用电热或电磁振荡等方法清除电线上的积雪，虽然技术上可行，但研制费用高、周期长，一时难以见效；而因"坐飞机扫雪"激发出来的几种设想，倒是一种大胆的新方案，如果可行，将是一种既简单又高效的好办法。经过现场试验，发现用直升机扇雪真的能奏效，一个久悬未决的难题，终于在头脑风暴会议中得到解决。

（资源来源：王延荣，《创新与创业管理》，机械工业出版社，2015年）

## （三）系统法——TRIZ法

TRIZ理论取自拉丁文"Teoriya Resheniya Izobreatatelskikh Zadatch"的词头缩写，其意义为发明问题的解决理论。TRIZ理论认为，发明问题求解的过程是对问题不断描述、不断程式化的过程，一个问题解决的困难程度取决于对该问题的描述或程式化方法，描述得越清楚，问题的解就越容易找到。应用TRIZ法解决问题的第一步是对给定的问题进行分析：如果发现存在冲突，则应用原理去解决；如果问题明确但不知道如何解决，则应用效应去解决；对待创新的技术系统，则进行进化过程的预测。第二步是评价，确定是否满足要求。如果满足要求，则进行后序的设计工作；反之，则要对问题进行重新分析。经过这一过程，初始问题最根本的冲突被清晰地暴露出来，能否求解已很清楚，如果已有的知识能用于该问题则有解，如果已有的知识不能解决该问题则无解，需等待自然科学或技术的进一步发展。

TRIZ理论提供了如何系统分析问题的科学方法，如多屏幕法等；而对于复杂问题的分析，则有科学的问题分析建模方法——物-场分析法。多屏幕法建立在系统论的观点之上，系统之外的高层次系统称为超系统，系统之内的低层次系统称为子系统。人们所要研究的问题，当前正在发生的系统，通常也称为当前系统，当前系统一般称为系统。系统由多个子系统组成，并通过子系统之间的相互作用实现一定的功能。对于复杂问题，可以利用物-场分析法进行分析，它可以帮助我们快速确认核心问题，发现根本矛盾所在。针对具体问题的物-场模型的不同特征，分别有对应的标准模型进行处理，包括模型的修整、转换、物质与场的添加等。另外，还可以针对技术系统进化演变规律，利用大量专利分析基础上的TRIZ理论的八个基本进化法则，分析、确认当前产品的技术状态，并预测未来的发展趋势，从而帮助开发出具有竞争力的新产品。

TRIZ法是发明问题的解决理论，该理论基于技术的发展演化规律，研究整个设计与开发过程，揭示创造发明的内在规律和原理，着力于澄清和强调系统中存在的矛盾，其目标是完全解决矛盾，获得最终的理想解。创新从最通俗的意义上讲就是创造性地

发现问题和创造性地解决问题的过程,TRIZ 理论的强大作用正在于它为人们创造性地发现问题和解决问题提供了系统的理论和方法工具。实践证明,运用 TRIZ 理论,可大大加快人们创造发明的进程,而且能得到高质量的创新产品。

### (四)思维法——水平思考法

水平思考法又称为发散式思维法或水平思维法,是英国心理学家爱德华·德·波诺(Edward de Bono)博士所倡导的广告创意思考法,通常又被称为德·波诺理论。水平思维法是针对垂直思维(逻辑思维)而言的,就是摆脱非此即彼思维方式的思考方法,也是摆脱逻辑思维和线性思维的思考方法。在水平思考中,人们致力于提出不同的看法,每个看法不是互相推导出来的,而是各自独立产生的。

人们将传统思维称为"垂直思维",在传统思维中,人们常常受逻辑思维和线性思维的局限,按照既定的思维路线进行思考,始终逃脱不了原有的思维框架(又称思维定势)的羁绊,所以人们普遍擅长于分析和判断,而无法创造性地思考。为了拓展人的创造力,德·波诺博士提出了"水平思维"和"平行思维"等概念。有别于垂直思维,水平思维不是考虑事物的确定性,而是考虑多种选择的可能性;关心的不是完善旧观点,而是如何提出新观点;不是一味地追求正确性,而是追求丰富性。这种方法的运用一般建立在人的发散性思维之上,故也被称为发散式思维法。

水平思考法能在思考问题时摆脱已有知识和旧的经验约束,冲破常规。这种方法要求我们多角度、多侧面地去观察和思考同一件事,善于捕捉偶然发生的构想,提出富有创造性的见解、观点和方案,从而产生意想不到的"创意"。

#### 从卖花到卖花瓣

从卖花到卖花瓣,再到制作花瓣工艺品,陈妍的创业之路一直在花瓣上不断下功夫,到现在收获满满。一天,陈妍去参加朋友的婚礼,其中有一个环节是新娘出场时从空中撒下五颜六色的塑料花瓣。陈妍想:塑料花瓣没那么好看,要是鲜花花瓣就好了。但是追问朋友之后,朋友告诉她,鲜花花瓣太贵了,换成塑料花瓣能便宜不少。陈妍这时候想到,自己的花店收回出租的花篮之后,就会把这些鲜花扔进垃圾箱,如果把这些花的花瓣收集起来,低价卖给婚庆公司,不是变废为宝?说干就干,她把使用过的鲜花收集起来,将鲜艳的花瓣一片片摘下,再按不同颜色分类装进塑料袋。

之后,陈妍带着花瓣到婚庆公司推销。婚庆公司被超值的价格吸引,非常愿意以每公斤 180 元的价格长期向她收购。就这样,陈妍与几家婚庆公司签订了收购花瓣的协议。时间一长,问题就出现了,新鲜花瓣的保鲜只有两三天,而婚礼不是每天都能碰到的,很多花瓣都浪费掉了。陈妍为了给花瓣保鲜,频繁地向它们洒水,但很快收到了婚庆公司的反馈意见:"鲜花瓣的水分很重,落地很快,很难营造出五彩缤纷的意境。"有什么办法既可以长时间保存花瓣,又能减轻花瓣的重量呢?陈妍想到,可以把鲜花加工成干花瓣。在查阅了很多资料后,她借助室内自然风干法,把鲜花瓣加工成了干花瓣,由于重量轻了,用的花瓣多了,她就把价格提高到了每公斤580元。

这些带着淡淡清香的干花瓣很快受到了新人们的喜爱,她的花瓣生意也越来越好。于是她直接把店名改成了"花瓣专卖店",专门做干花瓣。后来,她又发现了干花瓣工艺品这个市场。在安徽乃至全国的市场上都很少出现干花瓣工艺品,于是她就制作出大小不一的漂亮工艺瓶,以"星座幸运花"为销售主题,卖得非常火爆。不久,陈妍成立了自己的公司,在销售经典产品的同时,还研发了袋装花瓣浴、花瓣面膜等新产品。如今,这些产品已成为女性白领的最爱。

(资料来源:https://www.sohu.com/a/239644173_117373)

## 项目训练

### 思维便利店

一个教授给一群学生出了一道思考题:一个聋哑人到五金商店买钉子,先用左手比划作持钉状,两根手指相对捏着放在柜台上,然后右手作锤打状。售货员先递过来一把锤子,聋哑顾客摇了摇头,指了指作持钉状的两个手指,这回售货员终于拿对了。这时候又来了一位盲人顾客。

"同学们,你们能否想象一下,盲人将如何用最简单的方法买到一把剪子?"教授问道。

"哦,很简单,只要伸出两个指头模仿剪子剪布的模样就可以了。"一个学生答完,全班表示同意。

教授说:"其实盲人只要开口说一声就行了。"

这个故事对我们有什么启发呢?

### 小 测 试

**创造性人格测试**

下列语句,凡符合自己情况的在后面的括号内画"√",反之画"×"。

1. 往往应用他人想出来的办法。                    (    )
2. 不依赖常识和习惯作判断。                      (    )
3. 根据一点暗示和启发便开始思考。                (    )
4. 对事物产生兴趣后马上行动。                    (    )
5. 多角度地思索事物。                            (    )
6. 平时喜欢动脑筋。                              (    )
7. 把喜欢做的事情一直做到底。                    (    )

8. 喜欢改变房间里器具的摆放位置。（　　）
9. 什么事都要有计划地进行。（　　）
10. 家里摆着具有创意性的物件。（　　）
11. 喜欢合理地改变事物。（　　）
12. 总要对已完成的成品做点加工。（　　）
13. 做什么事都想提高效率。（　　）
14. 喜欢分析调查事实真相。（　　）
15. 常常做事着迷忘了时间。（　　）
16. 有时一下冒出许多想法。（　　）
17. 马上去做突然想到的事情。（　　）
18. 喜好坐禅和冥想。（　　）
19. 快速读完许多书后马上得出结论。（　　）
20. 无论做什么事情总觉得能妥善解决。（　　）
21. 喜欢各种各样的想象。（　　）
22. 常常偶然得到所需要的图书资料。（　　）
23. 言语变化很快。（　　）
24. 常常夜间突然起床做笔记。（　　）
25. 情绪多变。（　　）
26. 非常注意被别人忽略的事情。（　　）
27. 不愿意受时间的约束。（　　）
28. 习惯于直言不讳地说出自己的想法。（　　）
29. 习惯于直观地理解事物。（　　）

**评价标准：**
把所有画"√"相加的总数作为得分。

| 层级 | 差 | 较差 | 一般 | 高 | 很高 |
|---|---|---|---|---|---|
| 总分 | 0～5 | 6～13 | 14～19 | 20～25 | 26～30 |

 **项目回顾**

1. 职业核心发展素养的基本内容包括什么？
2. 如何运用所学知识有效应对压力？
3. 如何用创新思维解决学习中遇到的实际问题？

# 项目六

# 职业核心管理素养

## 项目导入

### 职场难题

小李以优异的成绩取得了大学毕业证书。但他从小学、中学到大学,整日埋头在书海之中,从未想过未来,因而毕业使他感到害怕,他不敢走入社会、不敢面对新的环境。不过后来,他还是进入了工作单位,走向了职场。

可他在单位自恃清高,还认为自己是佼佼者,对同事不屑一顾。另外,在单位任务重需要加班加点工作时,他却到时间就走,绝不在单位加班,而且只做领导布置的工作,多做一点便会不停抱怨。久而久之,同事们都开始疏远他,他也在一年后离开了这家单位。

大学生在完成了学业以后,绝大部分会选择自己理想或较理想的职业与单位,正式进入社会。这对大学生来说,无疑是人生的一大转折,也是一种典型的角色转换。而如何尽快顺利完成这一角色转换,实现良好的职业适应,是摆在大学毕业生面前的一个极其重要的现实问题。

当然,大学毕业生在选择了某一职业与某一单位后,并不意味着其一生都要待在这一职业与单位之中,而是可以根据自己的职业规划和实际情况在事业上选择更好的发展,更好地完成自己的职业生涯规划。

## 启示

每个初入职场的人或许都会有小李这样的经历。在职场中我们会遇到很多问题,我们要做的不是逃避现实,而是直面问题,学会管理自我,做好职业生涯规划。

## 项目目标

1. 了解职业核心管理素养所包含的内容。
2. 领会职业核心管理素养的精神,掌握培养职业核心管理素养的方法。
3. 运用所学内容有意识地培养核心管理素养,探寻个人职业发展的正确路径。

## 任务一

# 学会适应职场

从学生角色到职业人角色的转换是每个大学生必须经历的过程,也是我们人生中最重要的一次转折。那么,大学生该怎样实现角色转换呢?

## 一、角色转换

"角色"一词本指演戏的人化装后扮演的戏剧中的人物,后来这一概念也运用到社会心理学中。社会是一个大舞台,社会中的人也扮演着各种各样的角色。

社会生活中,人的社会任务或职业生涯会随着自身所处的内外环境变化而变化,社会角色也会随之变化。一个人从一种角色转换为另一种角色的过程称为角色转换。一个人会经常变换自己的角色,就如同舞台上的演员一样。人处在不同的社会地位,从事不同的职业,都有相应的个人行为模式,即扮演不同的社会角色。如下班回家,就要从职业角色变换为家庭成员的角色,再如由上级到下级、由领导到子女、由学生到老师等都是角色的转换。

角色冲突是普遍存在的。从事职业的变化、职务的升迁、家庭成员的增减都会导致新旧角色的转换。新旧角色转换过程中必然伴随着新旧角色的冲突,但通过角色协调可以使角色冲突尽可能地降至最低限度。协调新旧角色冲突的有效方法是角色学习,即通过观念培养和技能训练提高角色扮演能力,使角色得以成功转换。

### (一)学生角色向职业角色的转换

从学生角色向职业角色的转换是人生最重要的角色转换之一。根据社会心理学的角色理论,大学毕业生从学生角色到职业角色的转换,必然伴随着角色冲突、角色学习和角色协调等一系列过程。因此,大学生在开始自己的职业生涯之前,应该学习一些相关的知识,对自我、对社会、对即将从事的职业进行细致深入的了解和调查分析,找出自身的不足,提高心理承受能力和抗挫折能力,加强角色认知,做好上岗前的各项准备,以便顺利实现角色转换。

#### 1. 学生角色向职业角色转换的三个阶段

(1)在校期间的实践是角色转换的基础

在校学习期间的专业劳动和社会实践是学生接触社会、走向社会的第一步。专业

劳动技能学习能够使学生充分认识专业特点，巩固专业思想，有利于学生更好地锻炼自己的专业技能，增强学生对职业角色的认可。社会实践是学生运用自身专业特长，展示才能、服务社会的重要渠道，作为角色转换的准预备阶段，它可有力地推动学生在毕业实习期间演习角色的转换，促进学生角色向职业角色转换。

(2) 毕业前的角色转换

我国大学毕业生通常在每年的 7 月初离校，奔赴工作岗位，但是就业工作一般从毕业前一年就开始了。可以说，这一时期是毕业生转换角色的重要阶段，毕业前夕是择业的黄金时期，毕业生在与用人单位接触的过程中，能够比较全面地了解用人单位的基本情况，切身体会到社会对自己的认可程度，并依据自身的感受调整职业期望值，实事求是地定位自己的职业。这是从学生角色向职业角色转换的第一步，可以为大学生的职业角色确定基调，对角色的转换将产生深远的影响。

(3) 见习期的角色转换

一般来说，大学生工作的第一年为见习期，之后转为正式员工，有人形象地称之为"磨合期"。初到工作岗位，生活和工作环境与大学相比都有很大差别。高校大多位于大中城市，学习和生活环境比较优越，空闲的时间比较多，生活节奏比较慢，压力较小；而工作岗位不一定在城市，有的环境相当艰苦，且由于工作繁忙，经常要加班加点，属于自己的时间很少。大学学习环境到职业环境的巨大变化，往往会加剧角色冲突。为此，大学生要加强见习期的角色学习，尽快适应新的环境，使角色顺利转变。

## 2. 职业角色的基本要求

刚参加工作的大学毕业生要在较短的时间内获得同事的认同和领导的肯定，应当从几个方面提高和锻炼自己。

(1) 善于展现自己的优良品格

大学生因为具有新知识而易受到同事的欢迎和青睐，但也会因此容易和一些同事产生一定的距离。因此，大学生在同事面前一定要表现得谦虚、随和，在尊重老同事的同时，适度地展现自己，以谦虚诚恳的态度与同事探讨问题，真诚待人。也可以利用业余娱乐的机会，在交流中让大家了解你的为人和性格，表明自己的世界观、人生观和价值观，缩短与同事间的距离，成为大家的朋友。

(2) 树立工作的责任意识

大学生都对未来有美好的愿望，都想在事业上有所作为，但大多数大学生在走上工作岗位时不会被委以重任，而是先从简单的辅助工作做起，这也符合人才成长的基本规律。但是，有不少人认为自己被大材小用，对一些工作不愿意干，甚至闹情绪。其实，这是缺乏责任意识的表现。干任何一项工作，都要有足够的热情，要有丰富的经验和随机应变的能力。这种经验和能力的获得并非一朝一夕之功，而是要靠平时工作的积累和训练。因此，不管工作大小，大学生都要以满腔的热情、高度的事业心和责任感来对待，这样才能圆满完成任务。

（3）培养实事求是的工作作风

大学生具有较强的自尊心和自立意识，在工作上想独当一面，取得成就，但工作难免出错。工作上出现错误并不可怕，可怕的是不能正确面对错误，实事求是地承认错误。工作中一旦出现错误，要认真分析原因，总结经验教训，找准失误点；要敢于向领导和同事承认错误，勇于承担责任，以获得领导和同事的理解和支持。同时，要虚心学习、请教，吸取教训，防止类似的错误再次发生。

（4）重视岗前培训

岗前培训对刚刚走上工作岗位的大学生完成角色转换是非常重要和必要的。它不仅能让新员工了解单位的基本情况，熟悉单位规章制度和工作程序，更重要的是岗前培训有助于新员工树立集体主义观念，提高人际协调能力和奉献精神。从某种意义上讲，岗前培训可以直接反映出新员工素质的高低，因此单位都非常重视岗前培训，并依此择优录用，分配岗位。毕业生一定要认真把握好这样一次充实自己、表现自己和提升自己的良机。事实证明，很多毕业生就是因为在岗前培训期间表现出色被委以重任。

## （二）职业角色转换中容易出现的问题

大学生在从学生角色向职业角色转换的过程中，往往会面临着新旧角色的冲突。一些人由于受到社会因素、家庭因素尤其是自身认知能力、人格心理发展、意志品质以及情绪情感等因素影响，不能正确认识角色转换的实质，致使在角色转换过程中会出现以下问题。

### 1. 对学生角色的依恋

经过多年的学校学习，大学生对自己的学生角色体验非常深刻。学生生活使每个学生在学习、生活和思维方式上都养成了一种相对固定的习惯，因此在职业生涯开始之初，许多人常常不自觉地把自己置身于学生角色之中，以学生角色的社会义务和社会规范来要求自己、对待工作，以学生角色的习惯方式来待人接物。

### 2. 对职业角色的畏惧

一些大学生在刚走进新的工作环境时不知道工作该从何入手，如何应对，怕担责任，怕出事故，怕闹笑话，怕造成不好的影响，于是工作上畏手畏脚，前怕狼后怕虎，缺乏年轻人的朝气和锐气。

### 3. 思想上的自傲

有的毕业生对人才的理解不够全面和准确，认为自己接受了比较系统正规的高等教育，拿到大学文凭，学到了知识，就已经是高层次的人才了，因而往往看不起基层工作和基层工作人员，甚至认为自己做一些琐碎的不起眼的工作是大材小用，于是就轻视实践，眼高手低。

### 4. 作风上的浮躁

一些人在角色转换的过程中表现出浮躁作风和不稳定的情绪，一会儿想干这项工

作,一会儿又想干那项工作,不能深入工作内部去了解工作性质、工作职责及工作技巧。有的学生入职相当长时间后还不能稳定情绪,不能适应职业角色,反而认为单位有问题,没有适合自己的职位。其实,如果不能静下心来踏踏实实地学习和适应工作,不管什么样的工作职位都不会适合你。

以上这些问题的存在,会严重影响大学毕业生顺利从学生角色转换为职业角色。所以每个刚参加工作的毕业生都必须认真对待,加以克服。

## 二、职业适应

### (一) 生理适应

生理适应包括对工作时间、劳动强度及紧张程度、情绪调控等方面的适应。

步入职场,从学生角色转换到职业角色,原来的许多生活习惯就都要相应改变。在学校的时候,喜欢睡懒觉,上课迟到或者请假,也许会得到老师的谅解,但是在职场中,迟到、早退等无视工作纪律的问题,可能会带来非常严重的后果。所以,首先要调整生活规律,早睡早起,坚持锻炼身体,关注职业形象,遵守职业纪律和职业道德,在短时间内适应职场生活。

### (二) 心理适应

心理适应包括个人观念和意识的适应、角色适应、情感态度适应、意志适应和个性适应等方面。

#### 1. 公正的自我评价

进入工作单位,在熟悉工作环境之后,首先要对自己所从事的工作从整体上进行分析。先分析自己对工作的适应条件,然后对自己的能力进行正确评估,对未来进行职业目标规划。

这个阶段心理调适的重点在于:保持心态平和,切忌攀比和轻易跳槽。很多职场新人眼高手低,稍不满意就轻言放弃,这样受损失的不仅是用人单位,更是本人。因此在职场中要兢兢业业、踏踏实实地工作,善于抓住机遇,全面展示自己的才华。

#### 2. 正确调整失落心态

人的失落心态总是在冲突难以解决的情况下才会出现。怀有失落心态的人,其生活中始终贯穿的就是现状和理想之间的剧烈冲突。这种无法控制外部世界的无力感与梦想的破灭感交织在一起,心理旋涡反复出现,消耗的心力超越限度,就会产生严重的失落感。产生这种失落心态与不正确的心理定位直接相关。解决的办法就是要放下思想包袱。悲观的人,先被自己打败,然后才被生活打败;乐观的人,先战胜自己,然后才战胜生活。对自我有一个充分、全面、正确的了解,有利于对自我的情绪进行有效控制和调整。例如,你如果能够客观地认识到自己性格急躁,那么就能通过积极的自我暗示或是有意识地控制而保持平和的心态,从而不容易再因别人跟不上自己的步调而生气。工作后,你到了一个更大的环境中,这里高手如云,自己显得相对较弱,可能会因此产生失落心态。但只要经过自己的刻苦努力,这种状况是可以得到改变的。所以不要过分纠缠于结果,而要着手做应该做、可以做的事。

### 3. 调节自己的认知方式

人对事物的不同认知会导致不同情绪。情绪常常取决于人对事物的看法,换个角度看待事物心情就会迥然不同。相同的半杯水,在有的人眼中是"只剩下半杯,挨不了多久了",而有的人看到的则是"还有半杯呢,希望还在"。因此,受到情绪困扰的时候,可以通过调节自己的认知方式来调节情绪,将自己从原有的思维方式中抽离出来,试着从另一个角度思考。不要总是执着于"我"如何如何,换一个立场,试试从别人的角度看"我",可能会得到不一样的答案。设想一下,如果是你的朋友遇到现在的问题,你会怎么办?你是怎么安慰开导他的?或者可以自问:为什么别人可以有这样的失败记录,自己就不可以呢?当局者迷旁观者清。你需要不时地走出"此山",看看"此山"的真面目。

认识是一个不断发展的过程。对于自我认知要不停地重新审视是否合理,适时做出调整。对于相同的刺激,不同的评价会带来不同的情绪反应。失落也许并不是因为事情真的非常糟糕,而仅仅是因为你认为它很糟糕,所以它就"无奈"地变得糟糕了。

### 4. 转移注意力

心理学研究表明,在产生情绪反应时,大脑皮层会出现一个强烈的兴奋中心。这时,如果另外找一些新的刺激,引起新的兴奋中心,就可以抵消或冲淡原来的兴奋中心。所以,当你失落时最好采取行动做些别的事,分散自己的注意力。

转移注意力也是有技巧的,消极转移到抽烟、喝酒等事上只会让失落感加强,甚至自暴自弃。而积极的转移则是将时间、精力从消极情绪中转到有利于个人未来发展的方向上。体育运动就不失为一种积极的注意力转移方法。体育运动可以放松紧张情绪,又可以消耗体力,使消沉者活跃、激愤者平静,达到情绪平衡的目的。

失落往往伴随着挫败感,而挫败感是可以由成功后带来的自信抵消的。所以,找出一个你认可的长处,不论大小,在失落的时候,就做自己擅长的事,从中得到成就感,并且告诉自己:"你看,我不是也可以做得很好嘛!既然我可以做好这件事,那么当然也能做好其他的事。"

另外,也可以去为别人做事,进行志愿服务,帮助他人。这样不仅可以将烦恼忘记,而且可以从中体验到自己的存在价值,在别人的感谢和夸赞中坚定信心。

### 5. 克服工作压力,尽快进入职业角色

大学生在校期间学到的知识和技能是很有限的,很有可能不能完全匹配职场工作需求,导致初入职场时心理压力比较大,害怕在工作中出现过失和错误。所以,消除初入职场时的心理压力是重中之重。

这一阶段心理调适的重点,首先是要使自己适应工作节奏,为承担重要工作做好准备;其次是虚心学习,不断丰富自己的专业知识,提高专业技能,运用自身掌握的知识去解决问题,培养自己的独立见解,展示自己的潜能,使自己逐步具备独立开展工作的能力;最后,要尽快融入集体,建立良好的人际关系,更好地承担角色责任。总之,要努力为工作单位创造效益,作出贡献。

### (三)知识技能适应和岗位适应

知识技能适应和岗位适应是指对工作岗位所需的知识、技术和能力的适应,以及对劳动制度和岗位规范的适应等。

大学生虽然有大学文凭,但可能面对实际工作什么都不会。这是因为学校教育比较注重理论知识的学习,然而职场中更注重实践能力和经验。因此,大学生要在职场中进行再学习。学习可以让你尽快掌握工作的知识和技能,不断更新自我以适应新的工作内容。现代社会竞争在加剧,学习不但是一种心态,更应该是一种生活方式。

人在职场,所有人都是老师。谁疏于学习,谁就难以提高,谁就不会创新,谁就会被社会淘汰。谁能够终身学习,谁就能适应职业岗位不断变化的要求。学习不但能增强个人的竞争力,更能够增强单位的整体竞争力。

### (四)环境适应

管理学中有一个"蘑菇定律":长在阴暗角落的蘑菇因为得不到阳光又没有肥料,常面临着自生自灭的状况,只有长到足够高、足够壮的时候,才被人们关注。在职场中,蘑菇定律通常是指初学者被置于不受重视的部门或被交代干打杂跑腿的工作,处于自生自灭(得不到必要的指导和提携)的状态。这个定律是组织对待初出茅庐者经常使用的一种管理方法。组织对新进的人员都是一视同仁,从起薪到工作都不会有大的差别。无论你是多么优秀的人,在刚开始的时候,都只能从最简单的事情做起。很多职场新手心气高、目标远大,希望一走上工作岗位就可以大展拳脚、被委以重任,而对于上级交办的简单工作不屑一顾,眼高手低,最后连基础的工作都做不好。对于职场新人而言,只有树立端正的职业态度,正确进行职业定位,积极度过这个阶段,才能早日摆脱"蘑菇定律"。

#### 1. 踏踏实实做好每一项工作

职场新人对单位的整个工作环境及工作流程都比较陌生,可能连最基本的复印、传真都需要他人指导。在这种情况下,上级对待新人的通常做法是安排一些诸如打字、翻译、资料检索等最基本,也是最简单的工作,这通常都是每一个新入职场的大学生接受的第一门功课。然而,许多职场新人会对此心存抱怨:"领导根本不把重要的工作交给我,我简直就是个打杂的。"其实,这些看似简单的工作能让职场新人更快了解工作的整体操作流程,同时也可以考验一名员工的品质,磨砺其工作态度。初入职场的大学生犹如一张白纸,在上面书写任何东西都是经验的积累。所以大学生不要嫌工作琐碎,要有耐心,学会在工作中积累,踏踏实实做好每一项工作。

### 2. 积极适应环境

毕业生在进入职场之前总会有很多的幻想,比如理想的行业、理想的职位、理想的收入等,直到真正进入职场之后才发现"理想很丰满,现实很骨感"。事实上,理想的工作环境是很难找到的,现实的工作环境总有各种不如意。因此,职场新人要学会自我调节,认清自己的优、缺点,明确自己的优势和不足,客观地看待职场生活,以愉快的心情适应工作环境,立足现实,求得自身发展。

很多学生以为在学校里学得了"真理",然后期望用这些"真理"去改造世界。可真正到了工作岗位才发现,在大学里学的很多书本知识在单位根本用不上,单位需要的是足够的执行能力、应用能力,这些在大学里并不曾学过。还有的不适应艰苦、紧张的基层工作,不习惯单位的一些制度、做法,在心理上就会产生很大的落差,对现有岗位感到失望,觉得处处不如意、事事不顺心。因此大学生在踏上工作岗位后,及时根据现实环境调整自己的期望值和目标就变得十分重要。看问题不能理想化,对外部要求要切合实际,承受挫折的能力要强,要擅长自我调整,不断地充实和提高自己,这样获得的积累将是职业生涯中一笔宝贵的财富。遇到挫折、困难不能失落与彷徨,要找时间与老员工、同事谈谈心,与朋友聊聊天,把"掉在地上的心"重新拾起来。"适者生存,能者成功",我们要学会适应自己的工作岗位,做到适应别人、适应工作环境,遇到困难挫折冷静地思考,彻底地解决问题。

### 3. 等待机会,厚积薄发

机会永远只垂青有准备的人。在这个信息爆炸的社会里,缺乏的不是机会,而是蓄势的远见与忍受平淡的耐力。职场竞赛,比的是耐力和信念,这是一场长跑,短暂的热情和速度都难以获得最终的胜利。因此,毕业生在进入职场后,仍需要不断提高自己,等待时机来临,脱颖而出。

## (五)人际关系适应

职场的人际关系相比单纯的校园人际关系要复杂得多。职场新人应该把姿态放低,谦恭有礼,赢得领导和同事的好感,这样才有利于打开工作局面。要努力工作,适当表现自己,最大限度地争取上级和同事的认可。

### 1. 正确处理人际关系的重要原则

处理好人际关系的关键是要意识到他人的存在,理解他人的感受,既满足自己,又尊重别人。

(1)真诚原则。真诚是打开别人心灵的金钥匙,因为真诚的人能使人产生安全感,减少心理防卫。越是好的人际关系越需要双方暴露一部分自我,与人交流自己真实的想法。当然,这样做也会冒一定的风险,但是完全把自己包裹起来是无法获得别人的信任的。

（2）主动原则。对人友好，主动表达善意，能够使人产生受重视的感觉。主动的人往往令人产生好感。

（3）交互原则。人的善意和恶意都是相互的，一般情况下，真诚换来真诚，敌意招致敌意。因此，与人交往应从良好的动机出发。

（4）平等原则。良好的人际关系让人体验到自由、无拘无束的感觉。如果一方受到另一方的限制，或者一方需要看另一方的脸色行事，就无法建立起高质量的人际关系。

### 2. 如何正确处理人际关系

人际关系是职业生涯中一个非常重要的课题，特别是对大公司的职业人士来说，良好的人际关系是舒心工作、安心生活的必要条件。如今的毕业生大多是独生子女，刚从学校里出来，自我意识较强，来到错综复杂的社会大环境里，更应在人际关系方面调整好自己的坐标。

（1）与上级的关系。①先尊重后磨合。任何一个上级，能升到这个职位，都有某些过人之处。他们丰富的工作经验和待人处事的方法，都是值得我们学习借鉴的，我们应该尊重他们的精彩和骄人的业绩。但每个上级都不是完美的，所以在工作中，唯上级之命是从并无必要。不过也应记住，给上级提意见只是本职工作中的一小部分，尽量完善、改进、迈向新的台阶才是最终目的。要让上级心悦诚服地接纳你的观点，应在尊重上级的前提下，有礼有节地提出。注意，在提出意见前，一定要拿出足以说服对方的充分理由。②主动请示汇报。上级最苦恼的事情之一就是不知道下级在干什么、干得如何。上级总是直接问下级，下级会认为上级不信任他，上级也会担心给下级造成不必要的压力和误解；如果上级不问，下级也不主动汇报，上级会担心下级没有认真执行到位，不知是否有需要上级帮助解决的问题。称职的下级会主动、及时地向上级汇报自己的工作。要知道，汇报是下级的义务，听不听是上级的选择，一定不要担心上级没时间听而不主动汇报。汇报时，要着重讲清楚两个方面：一是做了什么，有什么结果或成果，不必讲细节；二是准备做什么，怎么做，为什么这么做，也不必讲细节。既不要在汇报中夹带请示事项，也不要把汇报当成请功。而且工作汇报不仅要报喜，也要报忧。

对于超越自己管理权限的事项，下级必须请示上级，不能先斩后奏、越权办理。请示时，最好给出至少两个可供上级选择的建议，而且必须有自己明确的主张，绝不能只把问题抛给上级，自己没有任何主见。要让上级做选择题，而不是做问答题。对于属于自己管理权限之内的事项，特别是日常的、例行的工作，依照权限主动去做就行了，只需及时向上级汇报结果即可。如此，上级会认为下级是一个有主见、有魄力、有执行力的人。如果出于对上级的"敬畏"而事事请示，上级就会对下级的工作能力产生疑问。

（2）与同事的关系。多理解，慎支持。在共同的环境里上班，与同事相处得久了，彼此都有了一定的了解，作为同事，我们没有理由苛求对方为自己尽忠效力。在发生误解和争执的时候，一定要换个角度、站在对方的立场上为对方想想，理解对方的处境，千万不要情绪化，任何背后议论和指桑骂槐的行为都会破坏自己的形象，并遭到旁人的抵触。同时，我们对工作要怀有诚挚的热情，对同事则必须选择慎重地支持。支持意味着接纳别人的观点和思想，而一味地支持只能导致盲从，也会有拉帮结派的嫌疑。

（3）与朋友的关系。善交际，勤联络。在竞争激烈的现代社会，"铁饭碗"不复存在，一个人很少在一个单位终其一生，所以多交一些朋友很有必要，所谓朋友多了路好走。因此，空闲的时候给朋友打个电话、发个电子邮件，哪怕只是片言只语，朋友也会心存感激。

（4）与下属的关系。多帮助，细聆听。在工作上，你和下属只有职位上的差异，人格上都是平等的。在员工及下属面前，我们只是一个领头带班的而已，没什么值得炫耀和得意之处。帮助下属，其实就是帮助自己。因为员工们的积极性发挥得越好，工作就会完成得越出色，也能让你自己获得更多的尊重，树立良好的形象。聆听能让你体会到下属的心境、了解工作中的情况，为准确反馈信息、调整管理方式提供准确的依据。

（5）与竞争对手的关系。在我们的工作中，处处都有竞争对手。许多人对竞争者处处设防，更有甚者，还会在背后冷不防地"插上一刀""踩上一脚"。这种做法只会增加彼此间的隔阂，制造紧张气氛，对工作无疑是百害无益的。其实，在一个集体里，每个人的工作都很重要，任何人都有闪光之处。当你超越对手时，没必要蔑视别人；当对手超越你时，你也不必存心添乱找堵，因为工作成绩是大家团结一致努力的结果，"一个都不能少"。无论对手如何使你难堪，都千万别跟他较劲，先静下心干好手中的工作。

 **拓展阅读**

如何快速走出"蘑菇期"

心理学中有个"蘑菇定律"，它是指初入世者常常会被置于阴暗的角落，不受重视或打杂跑腿，就像蘑菇培育一样还要被浇上大粪，接受各种无端的批评、指责、代人受过，得不到必要的指导和提携，处于自生自灭的过程中。蘑菇生长必须经历这样一个过程，而人的成长也会经历类似的过程，这就是"蘑菇期"，或叫"萌发期"。

刚踏入社会的时候，无论你是多么优秀的人才，都需要经历"蘑菇期"，只能从最简单的事情做起。这段经历对于成长中的年轻人来说犹如破茧成蝶的过程，如果承受不起这些磨难，就永远不会成为展翅的蝴蝶；如果能平和地度过生命的这段"蘑菇期"，就能够汲取经验，尽快成长起来，成为各行各业的佼佼者。当然，如果"蘑菇期"过长，就有可能成为众人眼中的无能者，自己最终也会无奈认同这个角色。因此，如何高效率地度过人生的"蘑菇期"，为日后成功积累工作经验和人生阅历，是每个刚入社会的年轻人必须面对的课题。

首先，要摆正心态，放低姿态。心态的调整对于组织的初入者，尤其是那些刚从象牙塔里走出来的大学生们来说很重要。现在有许多大学刚毕业的新人，放不下大学生或研究生身份,做些端茶倒水、跑腿送报的小事情,忍受不了平凡或平庸的工作,而导致态度消极想跳槽。这就是现代年轻人流露出的眼高手低的陋习。"不经历风雨怎么见彩虹,没有人能随随便便成功"。想一口吃成大胖子更是不切实际。古人云:"吃得苦中苦,方为人上人。""天将降大任于斯人也,必先苦其心志,劳其筋骨,饿其体肤。"吃苦受难并非坏事,特别是刚走向社会步入工作岗位的年轻人,初出茅庐就不要抱太多幻想。懂得放低姿态,当上几天"蘑菇",可以让我们看问题更加实际,不仅能够消除很多不切实际的幻想,也能够对形形色色的人与事物有更深的了解,为今后的发展打下坚实的基础。

众所周知,在西方的那些世界级大公司里,管理人员都要从基层小事做起,就连老板自己的儿子要接班也得从基层做起,这主要是出于以下几点考虑:第一,从基层干起,才能了解企业生产经营的整体运作,日后工作中方能更得心应手;第二,从基层干起,有利于积累经验、诚信和人气,这是成功不可缺少的要素;第三,从基层干起,可以让员工经受艰苦的磨砺和考验,体验不同岗位乃至于人生奋斗的艰辛,因而更加懂得珍惜,企业也便于从中发现人才、培养人才。所以对年轻人来说,不管接不接受,"蘑菇期"都是成长必经的一步。职场新人应调整好心态,放低姿态,老老实实做人,踏踏实实做事,这对于他们度过职业生涯的那段"蘑菇期"是最基本的要求。

其次,要适应环境,找准定位。从学生到职场新人,从较单纯的学校走向纷繁复杂的社会,最重要的问题是适应。学生有学生的行为标准和思考模式,职场人有职场人的行为标准和思考模式,二者是并不完全相同的。职场新人要沉下心来,学会独立思考,独立行事,学会承受和忍耐,少说多做,努力适应工作环境,适应社会。即使你到了一个并不满意的公司,或者被分配到某个不理想的岗位,做着无聊的工作,也要学会适应。这是因为,要想改变环境,前提便是先适应环境。

正如康佳公司所表示的那样,它喜欢志存高远、脚踏实地的人。他要有远大志向,对自己、对企业有较高的要求;同时也要能沉得下去,一步一步地提升自己。激情是不能磨灭的,但忍耐和等待比冲动和激情更重要。只有激情就容易冲动,既有激情又能忍耐,说明这个人是成熟的。

除了适应环境,职场新人可以运用SWOT分析法进行职业定位:评估自己的长处、短处,明确自己面临的外界机会和威胁,把有限的精力投入到那些能真正给你事业带来发展机会的工作中。同时,工作仅仅是完善自我的一部分,还要积极参加单位组织的各项文体活动,在那里展现自我、锻炼能力,尽快适应职场环境,得到同事、上级的认可,真正融入到团队中去。

然后,要争取养分,茁壮成长。在你被看成"蘑菇"时,一味强调自己是"灵芝"并没有用,利用环境尽快成长才是最重要的。只有提高认识社会和认识自我的能力,认真对待每一件小事,力争把每一件小事都做好,使自己处于不断的学习、充电之中,才能有效发展能力。同时,以乐观、自信、向上的心态去面对你的组织、上级和同事,得到同事、上级的认可,找到适合自己的职业规划。要有效地从"蘑菇期"中吸取经验教训,令心智等方面成熟起来。只有这样,你才能高效顺利地度过职业发展的"蘑菇期"。当你真的从"蘑菇堆"里脱颖而出时,人们就会认可你的价值。

最后,要贵在坚持,等待机会。很多人在"蘑菇"经历时最容易产生的念头,就是放弃。但是,真正的成功属于坚持不懈的人,只有认准目标,不断坚持,在"蘑菇"经历中积累宝贵的经验,才能为以后的"厚积薄发"做好铺垫。在没有成功时,往往会遭遇歧视、侮辱等不公平的对待,但不要纠缠于这些问题。明智的做法是,自强自立,不断增强自身实力,以实际行动来证实自己的价值。当然,如果以为单靠辛勤工作、埋头苦干就能在职场上出人头地,那就有点无知了。一个聪明的人不仅要善于做事,还要"善于表现",寻找机会让自己迅速脱颖而出,毕竟现在已经是"酒香也怕巷子深"的时代了。

总之,对于职场新人或没突破"蘑菇期"的年轻人来说,要理解"蘑菇定律",首先要摆正心态,放低姿态;其次要磨去棱角适应社会,把年轻人的傲气和知识分子的清高丢掉,找准职业定位;然后从最简单最单调的事情中学习,努力做好每一件小事,多干活少抱怨,争取养分,茁壮成长,更快进入社会角色;最后不断坚持,等待机会,赢得前辈们的认同和信任,从而较早地结束"蘑菇期",进入真正能发挥才干的领域。

(资料来源:https://www.sohu.com/a/243307266_100222601)

## 任务二

# 学会自我管理

现代管理学之父彼得·德鲁克在《21世纪的管理挑战》一书中明确提出了"自我管理"的概念,并强调其与传统人力资源管理的本质区别,在于从"管别人"转向"管自己"。2021年全国普通高等学校毕业生达909万人,大学生已经成为了社会生产发展的生力军,这批生力军的素质直接影响着经济社会发展水平。但目前的部分在校大学生学习动力不足,大学生的素质明显下降。造成这些现象的原因有很多,但就大学生这个特殊群体而言,自我管理能力差是主要原因。因此,大学生提高自我管理能力意义重大。

## 一、何谓自我管理

### (一) 正确认识自我管理

自我管理是指人通过自我认知,调整和修养自己的心理,并使自己的外部行为与社会环境相适应,是个体对自己的目标、思想、心理和行为等表现进行的管理,自己组织自己,自己管理自己,自己约束自己,自己激励自己。自我管理是个人对自我生命运动和实践的一种主动调节,也是个人对自身价值的自觉追求。建立明确的目标并坚定执行是走向成功的基础,成功者都是善于发现自我优势、善于利用自己的优势做事,坚持自己的价值观、注重奉献并且善于利用时间的人。古人"修身、齐家、治国、平天下"的主张实质上指出了自我管理在社会管理中的基础地位,即想要实现社会的管理(齐家、治国、平天下),就必须先做到自我管理(修身)。大学生不仅承担着修身、齐家的责任,而且承担着治国和平天下的使命。

### (二) 大学生的自我管理

大学生的自我管理,从广义的角度来理解,是指大学生为了实现高等教育的培养目标,满足社会发展对个人素质的要求,充分调动自身的主观能动性,卓有成效地整合利用自我资源(包括价值观、时间、心理、身体、行为和信息等),而开展的自我认识、自我计划、自我组织、自我控制和自我监督等一系列自我学习、自我计划、自我发展的活动。从狭义的角度来看,自我管理、自我学习、自我教育、自我发展呈金字塔形状排列,自我管理在塔的底部,它是开展其他活动的基础,其他活动都建立在有效的自我管理的基础之上。大学生自我管理的实质就是要根据内在和外在的条件进行自我的管理和约束,从而达到社会和个人预期的目标。

但从社会现状来看,大学生的自我管理不容乐观,具体表现在部分大学生的生活观物欲化严重,学习缺乏根本动力和目的,没有认真地规划自己的职业生涯,甚至根本不知道自己想要从事或喜欢从事什么样的职业等。

## 二、自我管理的内涵

### (一)自我监督

自我监督指个人对自己进行检查、督促。
(1)自知。正确评估自己,不卑不亢。
(2)自尊。不自轻自贱,有民族自尊心和个人自尊心,不出卖灵魂与肉体。
(3)自勉。见贤思齐,不断用高标准来勉励自己,脱离低级趣味,做有益于人民的人。
(4)自警。自我暗示、提醒,克服不良的心理及行为。

### (二)自我批评

自我批评指自己批评自己的短处,辩证地否定。
(1)自省。自我反省,使个人的思想品德日益完善。
(2)自责。对自己的不足进行检讨,勇于承担责任,接受群众监督。

### (三)自我控制

自我控制指实行自我约束,理智地待人接物,防止感情用事,抵制和克服一切外来的不良影响。
(1)反躬自问。反思自己的行为,产生人际矛盾时,首先从自己身上找原因。
(2)自我控制。控制自己的情绪、欲望、言行,客观地对待批评,力求更好地把握自己。

### (四)自我调节

自我调节指通过自我疏导,使自己从矛盾、苦恼、冲突、自卑的情绪中解脱出来。
(1)自解。自我疏导,不自寻烦恼,不折磨自己、惩罚自己。
(2)自慰。宽慰自己,知足常乐,淡泊名利。承认差距,减少不合理的欲望。
(3)自遣。自我消遣,借助别的活动来分散或转移注意力,如吃美食、郊游、看书、

写书法、绘画等。

（4）自退。设身处地地退一步想问题，降低目标，转换方向，另辟新路。

### （五）自我组织

自我组织指在新环境中重新振作，重新审视和组织自己的心理和行为。

（1）内化顺从。勇于接受别人的不同意见。

（2）同化吸收。把别人的意见与自己的意见融汇在一起，吸收他人的长处，丰富自己。

（3）自我更新。从更高更新的角度来认识问题、分析问题，不断地提高自己的能力。

## 三、提高自我管理能力的原则

### （一）目标原则

每个人都有愿望或梦想，也会有工作上的目标，但经过深思熟虑制订规划的人并不多。职业生涯规划的实现，需要强有力的自我管理能力。有目标的人和没有目标的人，在精神面貌、拼搏精神、承受能力、个人心态、人际关系、生活态度上均有明显的差别。大学生应及早确定职业生涯目标，并坚定不移地为之奋斗，如此暮年回首时才不会后悔。

### （二）效率原则

浪费时间就等于浪费生命，但是，我们每天至少有三分之一的时间都在做无效工作，在浪费自己的时间和生命。所以，要分析、记录自己的时间，并本着提高效率的原则，合理安排自己的时间，在实践中尽可能地按计划贯彻执行。坚持下来，你会发现，你的时间充裕了，你的工作自如了，你的效率提高了，你的自信增强了。

### （三）成果原则

自我管理也要坚持成果优先的原则。做任何工作，都要先考虑这项工作会产生什么样的效果，对目标的实现有什么样的效用。这是安排大学生自我管理工作顺序的重要原则。

### （四）优势原则

充分利用自己的长处、优势积极开展工作，从而达到事半功倍的效果，这是自我管理非常重要的原则。人无完人，但你可以尽己所能扬长避短，挖掘自己的优势，使工作能够顺利进行。

### （五）要事原则

做工作要分清轻重缓急，重要的事情应该优先完成。在 ABC 法则中，我们把 A 类重要的工作放在首先要完成的位置。在自我管理中，A 类重要的工作就是与实现职业生涯规划密切相关的工作，要优先安排，下大力气努力做好。

### （六）决策原则

（1）决策要果断。优柔寡断是自我管理的大忌，想好了就要迅速决策。
（2）贯彻要坚决。不管遇到多大阻力，都要坚定不移地贯彻到底。
（3）落实要迅速。定下来就要迅速执行，抓住时机，加紧工作。

### （七）检验原则

实践是检验真理的唯一标准，自我管理的目标正确与否，需要实践来检验。要坚持"以人为镜"，及时搜集、征求同事们的意见和建议，检查自我管理的实际效果。

### （八）反思原则

自我管理也要定期进行反思。每过一个阶段都要检查自己的目标执行情况，分析自我管理中存在的问题，制订、调整和修正方案，从实际出发，保证自我管理健康地向前发展。

## 四、自我管理的内容

### （一）正确的自我定位

正确的自我定位，就是要明确自己的价值观，即明确什么对自己更重要。价值观只要符合人类的基本道德规范和法律要求，并没有好与坏、对与错之分。

 拓展阅读

这是我要的生活吗？——马琳的价值困惑

马琳是会计师事务所的部门经理。最近，一个无奈而郁闷的问题像幽灵一样缠绕着她：我目前的工作和生活确实是自己想要的吗？

马琳每天早上 6 点半被刺耳的闹钟叫醒，不到 10 分钟梳洗完毕，花 5 分钟下楼，在楼下吃点早点，就急急忙忙地赶往车站。她居住的地方离公司有 1 个半小时的路程，即使她天天祈祷着道路顺畅，也常常因为堵车而无奈迟到。一座高档写字楼里一个 10 平

方米的房间,就是她的办公室;1台电脑、1部响个不停的电话,一堆没完没了的财务报表、10个枯燥乏味的阿拉伯数字,就是她工作的全部。有时,主管将她叫到办公室,劈头盖脸一顿责骂;有时,因为一个客户或一个项目与同事互起猜忌,彼此一连几天都闷闷不乐;下属已经按时下班,而她不得不因为一个报告的修改或一组数据的调整加班加点。当白天热闹的道路渐渐归于静谧时,走在迷离的灯影之中,望着来来往往亲昵的情侣,马琳突然想到自己30岁的生日就要到了。可是,自己真正的家在哪里?自己要相伴一生的人在哪里?

或许在别人的眼里,马琳是一名能干出色的高级白领,有着一份体面的工作和不菲的收入,可是有谁会知道她心中的孤独与寂寞呢?回到那套租来的空荡荡的一居室,马琳看着镜中自己那张已稍显松弛的脸庞,说不出的恐惧、迷茫与惆怅向她袭来。

马琳为什么会出现价值困惑?

如果有一份新的工作在等着你,但是你得从现在居住的北京搬到广州去,你该怎么办?这可能会带给你很大的不便,可是这份新工作的待遇比你现在的高,又更有发展前景,请问你怎么决定?相信最后左右你决定的,一定是对你最重要的东西:到底是要追求安定呢,还是成长?是追求生活的方便呢,还是要求一份不错的报酬?是以工作为重呢,还是以配偶和孩子为重?上述所有的选择,关键在于正确的自我定位。

## (二)目标管理

目标决定成功。《中庸》提到:"凡事预则立,不预则废。"拿破仑也曾说:"凡事都要有统一和决断,因此成功不站在自信的一方,而站在有计划的一方。"大学生要将自己的职业目标与人生目标有机地结合起来,并在个人发展(健康与能力)、事业经济(理财与事业)、兴趣爱好(休闲与心灵)、和谐关系(家庭与人脉)四个方面实现协调与平衡,发现自己的才能,追求自己的目标,体察生命的真义,活出精彩的自己。

### 哈佛精英的人生轨迹

1970年,美国哈佛大学对当年毕业的天之骄子们进行了一次关于人生目标的调查:27%的人没有目标;60%的人目标模糊;10%的人有清晰的短期目标;3%的人有清晰而长远的目标。1995年,即25年后,哈佛大学再次对这一批毕业生进行了跟踪调查,结果显示:3%的人在25年间朝着一个既定的方向努力,现在几乎都成为社会各界的成功人士,其中不乏行业领袖、社会精英;10%的人短期目标不断实现,成为各个行业、领域中的专业人士,大都生活在社会的中上层;60%的人安稳地生活与工作,但都没有什么特别突出的成绩,几乎都生活在社会的中下层;剩下27%的人生活没有目标,过得很不如意,并且常常抱怨他人、抱怨社会、抱怨这个"不给他们机会"的世界。其实,他们之间的差别仅仅在于：25 年前，他们中的一些人已经明确自己的人生目标，而另一些人还没有搞明白自己的人生目标。

（资料来源：https://www.doc88.com/p-8651954242143.html）

人因为有梦想而伟大，没有目标的人生是没有意义的。目标是人生航行中的灯塔，有了目标，人就有动力排除阻碍、勇往直前地向着成功前进。

人生目标使人们在规划人生的同时可以更理性地思考自己的未来，初步尝试性地选择未来适合自己的事业和生活，尽早（多从学生时代）开始培养自己的综合能力和综合素质。

### （三）时间管理

人生管理实质上就是时间管理，时间的稀缺性体现了生命的有限性。卓有成效的管理者最终表现在时间管理上，表现在能否科学地分析时间、利用时间、管理时间、节约时间，进而在有限的时间里，实现自身职业价值的最大化。彼得·德鲁克说过："卓有成效的人懂得要使用好他的时间，他必须首先知道自己的时间实际上是怎样用掉的。"因此，做好时间管理的前提是对自己的时间进行科学的分析。

 **相关链接**

#### 提高工作效率小技巧

提高工作效率有一个小技巧：每天早上用 15 分钟做一个待办清单，把必须做的重要的事列出来，进行时间安排，并保证做完。其中要预留 30% 的机动时间来处理各种突发性事件。结束一天的工作后拿待办清单来对照一下，看是不是按原来的计划把事情都做完了。尝试一下，这种方法是否奏效？

### （四）计划管理

计划管理顾名思义，就是对所做的计划进行整理，让我们的工作更有重点，分得清轻重缓急。而科学有效的个人计划管理，不仅可以帮助我们制订合理的目标计划并执行到位，更能明确告诉我们应该用哪些资源来实现目标，使自己的工作生活处于掌控之中。

第一步：设定合理清晰的目标。

拥有合理清晰的目标是计划的起点，有了目标行动才有了方向，否则就很容易出现做无用功的情况。为了确保目标尽可能清晰明确，我们在制定目标时，要遵循 SMART 原则，即目标是具体的、可测量的、可达到的、相关的、有时限的。不要定下大而空泛且特别难实现的目标。

第二步：拆解目标，详细计划。

要确保目标的实现,我们还需要对目标进行细化拆解,特别是周期长、难度略大的目标,这也是计划的核心和达成目标的关键。目标拆解得越细致、越有针对性,制订计划时考虑得越全面,目标达成的可能性就越大,准备也会越充分。

第三步:厘清计划的逻辑与重点。

制订好计划后,我们还需要明确计划中各个节点的先后顺序,厘清各项子计划之间的逻辑,突出重点和关键,才能确保计划执行顺利、有序与高效,避免重复工作和无效行为。

## (五)情绪管理

### 1. 自我暗示

自我暗示可分为消极自我暗示与积极自我暗示。心理学实验表明,当一个人默念"气死我了"等语句时,心跳会加速,出现发怒的反应;反之,如果默念"真让人开心"之类的语句,那么他便会产生愉悦的心情。在情绪管理中,我们要多利用积极自我暗示解决情绪问题。

### 2. 转移注意力

这是一种把注意力从此刻不愉快的事情转移到其他事物上去的自我调节方法。如听愉快的音乐、外出跑步、看喜剧电影等。

### 3. 适度宣泄

适度地宣泄对调整个人情绪是有好处的,但要注意应采取适当的方式,以免造成不良后果。如向值得信赖的人倾诉等。

## (六)压力管理

### 1. 冥想放松

找一个安静的环境,选择一个舒适的姿势,调节呼吸,将注意力全部集中在自己的身心上,忘掉外界的一切烦恼与不快。

### 2. 重新规划

许多时候压力的形成是由于时间紧任务重,这时候需要人们停下脚步,跳出当前烦乱的状态,将事情捋一捋,重新规划行动方案,然后采取高效的方式完成工作。

### 3. 与人交往

当压力过大时,不建议长时间一个人独处,可以主动找亲朋好友交流、谈心。与人交流一方面具有缓和压力的作用,另一方面还有助于交流思想,找到困难的破解之道。

## 五、提高自我管理能力的方法

大学生要想在学习、工作中有更多的自主空间,首先要学会自我管理。

### (一) 为自己树立愿景和目标

要树立一个正确的人生目标,首先要对"自我"的认知实现一番自我超越。斯蒂文·怀斯(Stephen Samuel Wise)说:"目标朝里看就变成了责任;目标朝外看就变成了抱负;目标朝上看就变成了信仰。"当我们考虑树立目标的问题时,一定要问自己一系列问题:"我是谁?""我的长处在哪里?""我的价值观是什么?""我能贡献什么?""我应该贡献什么,才能达到自己的目的?""我为自己树立的目标会把我带向哪里?"

### (二) 赋予工作意义

正如俾斯麦所说:"工作是生活的第一要义。不工作,生命就会变得空虚,就会变得毫无意义,也不会有乐趣。没有人游手好闲却能感受到真正的快乐,对于刚刚跨入生活门槛的年轻人来说,我的建议只是三个词:工作,工作,工作!"工作让休息变得快乐,只有在辛勤的工作之后,休息才显得那么甜美惬意。工作带给我们成就感和快乐,工作帮助我们在社会中成长,工作让我们知道挣钱的艰难;通过在工作中处理各种关系和问题,我们可以塑造自己的品格,完善自己的个性;工作的进取心还能帮助我们实现自我完善、自我提高、自我约束和自我拯救。

**相关链接**

**你知道工作的意义和价值吗?**

一、选出正确的答案,并在括号内画"√"。

你知道工作的意义和价值吗?

1. 赚取金钱以应付日常开支。 (　　)
2. 获得满足感及成就感。 (　　)
3. 为了在工作时间与同事玩耍。 (　　)
4. 发挥自己的潜能及所学。 (　　)
5. 只是为了消磨多余的时间。 (　　)
6. 服务社会,为社会作出一份贡献。 (　　)
7. 得到别人对自己努力的认同。 (　　)
8. 为了多一点自由的时间。 (　　)

## 二、想一想：写出工作意义中你认为最重要的两项。

1. _____
2. _____

### （三）自我激励

自我激励是指个体具有不需要外界奖励和惩罚作为激励手段，能为设定的目标自觉努力工作的一种心理特征。德国专家斯普林格在其所著的《激励的神话》一书中写道："强烈的自我激励是成功的先决条件。"自我激励是一个人迈向成功的引擎。人的一切行为都是受激励后产生的，不断的自我激励会给予你内在的动力，使你朝所期望的目标前进，最终抵达成功的顶峰。

### （四）走出"以自我为中心"的小圈子

自我管理的第四个问题是"以自我为中心"的思维模式。每个人都是独特的个体，个体之间从个性、愿景、价值观到心智模式都会有差异，这种差异处理得好，会促进企业团队的创造力；处理不好就会导致人际冲突，不但影响个人工作效率，同时也会影响团队的工作氛围。无论是企业人还是自由工作者，都应提高自身与人合作共事的能力，走出"以自我为中心"的小圈子，学会与他人合作共事。

### （五）以高标准挑战自我

自我管理的第五个问题是挑战自我。19世纪意大利著名作曲家朱塞佩·威尔第（Giuseppe Verdi）在80岁时完成了其伟大的歌剧作品《法斯塔夫》，当人们疑惑他这么大年纪还要从事歌剧创作这样艰巨的工作，是否自我要求太高了的时候，他说："我的一生就是作为音乐家而为完美奋斗，而完美总是躲着我，我当然有义务去追求完美。"无数成功人士都有一个共同的特点：敬业，他们不愿随便地应付工作。在事业上，哪怕只有上帝才能看见，我们都要以"我要做得更好"的信念来要求自己。

### （六）自我学习

自我管理的第六个问题是自我学习。善于挑战自我的人一般都有良好的自学习惯。人生中纯学生时代的学习时间是短暂的，更多的是结合实践学习。在工作过程中，要善于向自己的上级学习，向周围的同事学习，向自己的下属学习。我们要永远保持求知的欲望，养成爱学习的习惯。

### （七）以理导欲

自我管理的第七个问题是自我约束和自我控制。这个问题实则是人格的自我修炼问题。叔本华认为，"人是什么"是影响人生幸福的头等重要因素。人是什么，实际就是一个人具有什么样的人格,或者说你要成为具有什么样人格的人。影响幸福最持久不变的因素不是财富,而是人的品格。人的品格的特质很大程度上体现在对欲望的自我疏导、自我约束和自我控制的有效程度上。"欲不可纵,纵欲成灾"。我们一定要坚守自己的人格防线,不能跟着"欲望"走,不能做欲望的奴隶。我们一定要抱着"勿以善小而不为,勿以恶小而为之"的准则,从点滴做起,用行动锻造自己良好的品格。种下行为,收获习惯;种下习惯,收获品格;种下品格,收获命运。你的品格决定了你是什么样的人,也决定了你的人生是否幸福。

## 拓展阅读

### 俞敏洪:自我管理的 10 个自问与 6 个措施

关于自我管理,我比较推崇职业经理人中少见的管理大师——英特尔创始人安迪·格鲁夫。因为在斯坦福大学听过他的课,所以对他印象很深。他有一条名言也是对经理人的忠告:"无论你从事哪一行,你都不只是别人的员工,你还是自己的职业生涯的员工。"对于这一点,我的理解是人在职场上,不分职业和职位,你既是自己职业生涯的员工,也是自己职业生涯的老板。每个人都不是在为别人打工,而是在为自己打工。所以,你必须对自己的人生负责,你首先要做好自己的 CEO。通俗地说,自我管理既是时间管理也是要事管理,同时还是自我领导的个人愿景和积极心态管理。其中,最重要的是要弄清楚:哪些属于自我处理(时间管理),哪些属于自我管理(要事管理),哪些属于自我领导(个人愿景和积极心态)。

#### 十自问

千里之行,始于足下。自我管理同样也需要做好每一天。人要打破常规,放松心情,以积极的心态开始每一天,那就很有必要以自问的方式开始一天,以下十个自问会给自我管理带来力量和好心情。

1. 我拥有什么?

通常我们会为自己没有的东西而苦恼,却看不到自己拥有的,如健康,可以爱与被爱,每天都有食物供我们享用等。正如那句口口相传的话所说的:"失去了才知道珍贵。"让我们走出哀怨,这样就可以看到我们拥有些什么。

2. 我应该为什么感到自豪?

为自己已经取得的成绩而自豪。成绩不分大小,每一次成功都意味着向前迈出了一步。每个人都有值得自豪的东西,你甚至可以为自己刚刚战胜的一个挑战感到骄傲,可以为帮助了一个陌生人而感到幸福,可以为帮助了一个朋友露出微笑,也可以为结识了新朋友或读了一本新书而感到高兴。

3. 我应对什么心存感激?

每天都有很多事情都值得让我们为之心存感激,也有很多人值得我们感谢,生活的

每一天对于我们来说都是一份珍贵的礼物。

4. 我怎样才能充满活力？

每天都要计划好做一些积极的事情，让自己充满活力。例如，可以给那些一直以来你都很欣赏，却很久未联系的人打电话；对工作伙伴说一些鼓励的话，保持微笑；留出时间和孩子玩耍等。

5. 我今天能解决什么问题？

设法把那些原本想留到明天再解决的问题今天就解决掉，尽量在当天就完成手边的工作。要敢于面对棘手的问题，并换一种角度看待它们。

6. 我能抛下过去的包袱吗？

"过去的包袱"就是指那些长年累积起来的伤心经历和怨气。背着这些沉重的生活包袱有什么用呢？建议你对过去做一个总结，把值得借鉴的经验保存起来，然后永远地卸下重负。

7. 我怎么换个角度看待问题？

人往往都是别人的建议者，却不能给自己建议。很多时候，根本问题是我们看待事物的方式。很多人都有为一件事苦恼不堪，过后又觉得可笑的经历。悲和喜只是由于我们看问题的角度不同而已。

8. 我怎样过好今天？

做些与往常不一样的事情。如果我们打破常规，学会享受生活，那么生活就是丰富多彩的。我们要敢于创造和创新。

9. 今天我要拥抱谁？

拥抱是我们的精神食粮。曾经有一位心理学家说过，要想健康，每天要至少拥抱8次。身体接触是人最为基本的需求，它甚至可以帮助我们开发大脑。

10. 我现在就开始行动？

不要认为这些都只是"听起来不错"的建议，也不要认为生活很难如你所愿。其实，每天的生活都不是你想象中的那样。让生活过得索然无味，还是积极向上，决定权就在自己的手中。努力幸福地生活，你又会失去什么呢？

### 六 措施

作为一个优秀的管理者，首先必须要有效地管理自己。要实现长远的自我管理，可以采取六条管理措施。

1. 设定长远目标

如在新东方之外，我们设立了三个长期目标。一是创办一所"两三千人、永远不扩招"的私立大学；二是设立一所文化研究院；三是"在全世界进行深度旅行，并且能够写出深度的游记来"。

2. 确立阶段性目标

一个人要产生成功感，应该设立阶段性目标。比如说，我今天要把这篇课文背出来，到睡觉之前我背下来了就是阶段性的小成功和小成就。把这些小的成功加起来可能最后就是一个大成功。

3. 以"看见最后成果"来自我激励

特别是企业管理者，谁来激励？答案是：通过"看见最后成果"来自己激励自己。新东方作为一个培训机构，最后成果就是对学员的改变。因此我经常做讲座。我做新东方有非常大的动力，我认为我是做了一件好事，这个要通过讲座来强化的。你要是半年一年没接触学生，这个强化就弱了。

4. 每周总结，给自己打星

我会每周写一次日记，回顾七天的经历，并根据收获大小给自己打星。以下情况会得到比较多的星：在家里读了一本书，这一天没有任何其他的干扰；或者说写了一两篇我认为比较出色的文章；或者说是通过跟对方聊天确实是学到了很多东西。

5. 保持学习心态

我不把跟新东方相关的工作列入打星的考虑，因为这些工作做得再好，也只是能力的重复，而不是提高。不过有一个例外，就是在哈佛商学院参与讨论新东方案例，我算作是因为新东方的工作带来的机会。我从他们的行为方式、表达方式和教授的讲解方式中学到了很多东西，这个对我来说是全新的。尽管那一天我连觉都没睡好，但是我依然要给它打五星。

6. 经常放松自己

我有的时候确实就是会突然跑出去爬山、看云，晚上有的时候——我对中国的阴历非常熟悉——每到月亮升起，我真会去坐在月亮底下，就这么看着月亮没事干。

（资料来源：https://www.docin.com/p_2155575673.html）

## 任务三

# 进行职业生涯规划

职业生涯是人生发展过程中最重要的环节之一。对大学生而言,大学里有专业的知识技能,丰富的学习资源,各种展现自己的机会……但如果在大学阶段缺乏职业规划,不清楚自己的目标,即使在校期间成绩优秀、知识丰富,也可能一生碌碌无为。所以,大学生从步入大学校门开始,就要对自己的职业生涯进行规划,确定职业奋斗目标。

## 一、职业生涯规划的概念

一般而言,职业生涯规划是一个人尽可能地规划未来职业发展的历程,在充分考虑个人的智力、兴趣、价值观,以及阻力、助力的前提下,做好妥善的安排,并借此调整、摆正自己的位置,以期使自己适得其所。

从定义可以看出,职业生涯规划是一个人主动的、有意识的行为。尽可能地规划未来的意义在于:对于我们所能做到的,要全力以赴;至于生命中诸多个人无法掌握的因素,如飓风、地震等突如其来的天灾人祸,我们必须冷静面对。简单地说,职业生涯规划就是找到引领自己坚定前进的方向。

大学生职业生涯规划可定义为:大学生在大学阶段通过对自身和外部环境的了解,为自己确立职业方向、职业目标,选择职业道路,确定教育计划(特别是大学阶段的学习计划)、发展计划,为实现职业生涯目标而确定行动时间和行动方案。

## 二、职业生涯规划的特性

(1)可行性。规划要有事实依据,目标不能是美好幻想或不切实际的梦想,而应是经过努力能够实现的,否则将会浪费职业生涯良机。

(2)适时性。规划是预测未来的行动,确定将来的目标,因此各项主要活动何时实施、何时完成,都应有时间和时序上的妥善安排,以作为检查行动的依据。

(3)适应性。规划未来的职业生涯目标,涉及多种可变因素,因此规划应有弹性,以增加其适应性。

(4)连续性。规划要考虑到职业发展的整个历程,人生每个发展阶段应能做到连贯衔接。

(5) 清晰性。保证目标与措施的清晰和明确，可以按部就班地实施具体计划以达到目标。

(6) 长远性。规划应该从大方向着眼，尽可能制订远期目标。

(7) 挑战性。如果目标在原地踏步不前，则失去了原本的意义，也无法激励自己前进。因此，目标应是"跳一跳能够得着"的，要具有一定的挑战性。

(8) 动态性。职业生涯规划不是一成不变的，而是一个动态变化的过程。内外部环境的变化，个人条件的变化，都会对职业生涯规划产生影响。职业生涯规划需要根据环境和条件的变化不断地进行评估和调整。

### 三、职业生涯规划理论

理论学习为实践服务，学习相关的职业生涯理论，可以帮助个体从更加宏观、理性的角度进行职业生涯规划。

#### (一) 舒伯的职业生涯发展理论

舒伯(Donald E. Super)是一位具有代表性的美国职业管理学家。他的职业生涯发展阶段理论是一种纵向职业指导理论，重在对个人的职业倾向和职业选择过程本身进行研究，是一种建立在生涯整合观念之上的理论。它强调主客观的互相作用，这种互相作用系统地阐述了一种生涯发展的模式。舒伯把职业生涯的发展看成是一个循序渐进的过程，将伴随个人的一生。

1. 自我概念

自我概念是舒伯职业生涯发展理论的核心概念。自我概念是指个人对自己的兴趣、能力、价值观及人格特征等方面的认识。一个人的自我概念在青春期以前就开始形成，至青春期较为明朗，并于成人期由自我概念转化为职业生涯概念。对工作与生活满意与否，就在于个人能否在工作和生活中找到展现自我的机会。用舒伯的话说，"职业生涯就是对自我的实践"。

2. 职业生涯发展阶段

舒伯认为人的职业生涯发展分为五个阶段。

(1) 第一阶段：成长阶段(0~14岁)

这个阶段是认知阶段。在这一阶段，儿童开始辨认周围的事物，并逐渐意识到自己的兴趣所在以及掌握和职业相关的一些最基本技能。

这个阶段的特征：个人开始考虑自己的将来，逐渐具备一定的生活控制能力，获得胜任工作的基础能力，并且在该阶段末期，越来越有意识地关心长远的未来。个人在第一阶段所要做的，是通过学校学习、社会活动来认识自我，理解世界以及工作的意义，初

步树立良好的人生态度。

主要任务:建立并认同自我概念,对职业的好奇占主导地位,并有意识地逐步培养职业能力。

舒伯将这一阶段,又具体分为三个成长期。

① 幻想期(10岁之前):儿童从外界感知到许多职业,对自己觉得好玩和喜爱的职业充满幻想并进行模仿。

② 兴趣期(11~12岁):以兴趣为中心,理解、评价职业,开始做职业选择。

③ 能力期(13~14岁):开始考虑自身条件与喜爱的职业相符与否,有意识地进行能力培养。

(2) 第二阶段:探索阶段(15~24岁)

这个阶段是职业认同阶段。青少年开始通过尝试一些自己感兴趣的职业活动,对自我能力及角色、职业进行探索。在这一阶段,个人有了初步的职业选择范围,并且为之进行学习或实践。

这个阶段的特征:深化对职业和工作的认识,将学习成果和实践经验沉淀结晶,具化自己的职业倾向,并初步实施。

主要任务:通过学校学习进行自我考察、角色鉴定和职业探索,完成择业及初步就业。

这一阶段也可分为三个时期。

① 试验期(15~17岁):综合认识和考虑自己的兴趣、能力与职业社会价值、就业机会,开始进行择业尝试。

② 过渡期(18~21岁):正式进入劳动力市场,或者进行专门的职业培训,明确某种职业倾向。

③ 尝试期(22~24岁):选定工作领域,开始从事某种职业,对职业发展目标的可行性进行尝试。

(3) 第三阶段:建立阶段(25~44岁)

这个阶段是稳定职业阶段。个人通过不断努力获得职业生涯的发展和成就,逐渐能在自己的领域中占有一席之地,并开始增加作为家庭照顾者的角色。有些时候,个人在这个阶段(通常是希望在这一阶段的早期)能够找到合适的职业,并全力以赴地投入到有助于自己在此职业中取得永久发展的各种活动之中。人们通常愿意(尤其是在专业领域)早早地就将自己锁定在某一选定的职业上。然而,在大多数情况下,处在这一阶段的人们仍然在不断地尝试与自己最初的职业选择所不同的各种能力培养。

主要任务:择定一个合适的工作领域,并谋求发展。这一阶段是大多数人职业生涯周期的核心阶段。

这个阶段也可划分成两个时期。

① 选择期(25~30岁):为变换工作职位或改善状态而不断进行调整,以求早日立

业。对最初就业选定的职业不满意,可以再选择,变换工作。也可能满意初选职业而无变换。在这一阶段,个人需要确定当前所选择的职业是否适合自己,如果不适合,就需要准备进行一些调整。

② 稳定期(31~44岁):最终确定职业,开始致力于稳定工作。在这一阶段,人们往往已经定下了较为坚定的职业目标,并制订了较为明确的职业计划来确定自己的晋升潜力、工作变换的必要性以及为实现这些目标需要开展的教育活动等。需要注意的是,在这一阶段的某个时间段上,有的人可能会进入职业中期危机。在职业中期危机阶段,人们往往会根据自己最初的理想和目标对自己的职业进步情况做一次重要的重新评价。他们可能会发现,自己并没有朝着自己的理想目标靠近,或者已经完成了自己预定的任务之后才发现,自己过去的梦想并不是自己所想要的全部。在这一时期,人们还有可能会思考,工作和职业在自己的全部生活中到底有多重要。通常情况下,这一时期的人们不得不面对一个艰难的抉择,即判定自己到底需要什么,什么目标是可以达到的,以及为了达到这一目标自己需要做出多大的牺牲。

(4) 第四阶段:维持阶段(45~64岁)

在这个阶段,个体已经找到了适合的领域,并努力维持在这个领域已取得的成就和社会地位。与前一阶段相比,这个阶段发生的变化主要是职位、工作和单位的变化,而不是职业的变化。

主要任务:维护已获得的成就和社会地位,维持家庭和工作的平衡和谐关系,寻找接替人选。

(5) 第五阶段:衰退阶段(65岁以上)

这个阶段是退休阶段。由于生理、心理机能日益衰退,个人职业角色的分量逐渐减少,重心逐步由工作向家庭休闲转移。个人开始安排退休或开始退休生活,发展新的角色,从精神上寻求新的满足点。

主要任务:逐步退出职业和结束职业,开发社会角色,减少权利和责任,适应退休后的生活。

舒伯提出在一个人一生的职业发展过程中,职业生涯发展是一个循环往复的过程。职业发展的五个阶段并不完全和年龄相关,而且各阶段之间并不存在严格的界限,也可能存在交叉;在人生的不同时期,都可能经历由这五个阶段构成的一个"小循环"。

3. 职业循环发展理论

在上述舒伯的职业生涯发展阶段中,每个阶段都有特定的发展任务需要完成,每个阶段要达到一定的发展水准或成就水准,而且前一阶段发展任务的达成与否关系到后一阶段的发展。舒伯认为,职业生涯发展的各个阶段同样要面对成长、探索、建立、维持和衰退的问题,因而形成"成长—探索—建立—维持—衰退"的循环,见表6-1。

表 6-1　循环式发展

| 阶段 | 青年(14~25岁) | 成年早期(25~45岁) | 中年(45~65岁) | 老年(65岁以上) |
| --- | --- | --- | --- | --- |
| 成长 | 发展适宜的自我观念 | 学习与他人间的关系 | 接纳个人的限制 | 发展非职业性的角色 |
| 探索 | 寻找更多的工作机会 | 寻找机会,做自己喜欢做的事 | 辨识新问题并设法解决 | 寻找合适的退休后活动场所 |
| 建立 | 开始创业 | 安于现职 | 学习新的技能 | 从事向往已久的事 |
| 维持 | 验证当前的职业选择 | 设法保持工作的安定 | 巩固自己,面对竞争 | 保持仍有兴趣的事 |
| 衰退 | 减少用于嗜好的时间 | 减少运动时间 | 集中于主要活动 | 减少工作时间 |

例如,一个大一新生必须适应新的角色与学习环境,经过"成长"和"探索",一旦"建立"了较固定的适应模式,并"维持"了大学学习生活之后,又要开始面对一个新的阶段——准备求职。原有的已经适应了的习惯会逐渐衰退,继而又要经历成长、探索、建立、维持与衰退的过程,如此循环往复。

### 4. 生涯彩虹图

舒伯认为一个人的职业生涯发展与个人在发展历程各个阶段中所扮演的各种角色有关,如子女、学生、休闲者、公民、工作者、持家者。人在某一阶段对某角色投入得多,会实现这一角色的成功,同时也可能导致另一角色的失败。舒伯将发展的各个阶段称为生活广度,将个人扮演的角色称为生活空间。生活广度和生活空间交汇成为生涯彩虹图(图 6-1),它描绘出了生涯发展阶段与角色彼此间交互影响、多重角色生涯发展的状况。

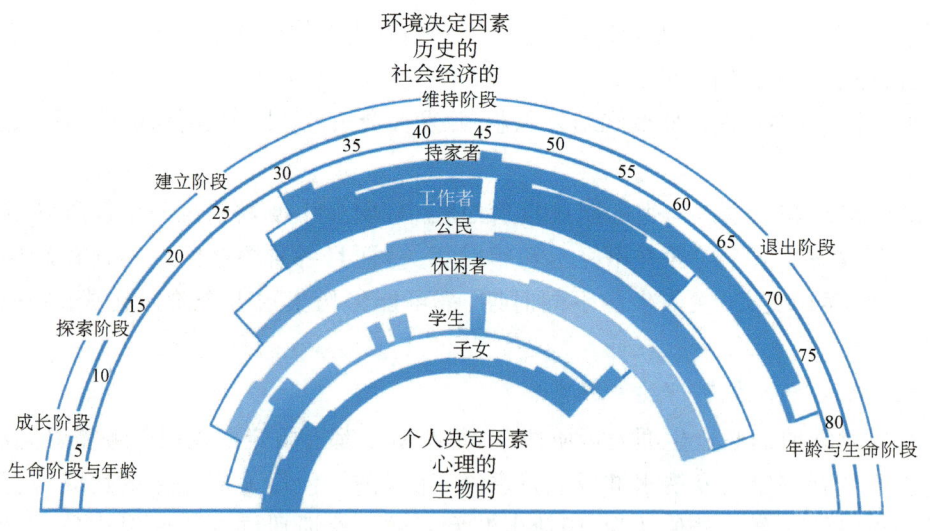

图 6-1　生涯彩虹图

图中,最外面的那层代表横跨一生的"生活广度",即生涯发展的各阶段;内部各层由一系列生涯最基本的角色组成,代表纵观上下的"生活空间";阴影代表人在各个阶段对各种角色的投入程度,阴影颜色越深代表角色投入越多。生涯彩虹图直观地告诉我们各阶段该如何调配角色,帮助我们独立设计自己的生涯。

通过生涯彩虹图,我们可以发现舒伯把人生分为三个层面:第一是时间层面,就是一个人完整的生命历程;第二是广度层面,就是一个人终其一生所扮演的各种不同角色;第三是深度层面,就是扮演每个角色时所投入的程度。这三者的结合,就是舒伯所理解的生涯。

## (二)施恩的职业锚理论

职业锚理论由在职业生涯规划领域具有"教父"级地位的美国著名职业指导专家埃德加·H·施恩(Edgar H. Schein)教授领导的专门研究小组提出。职业锚,又称职业系留点。锚,是船只停泊定位用的铁制器具。职业锚,是指当一个人不得不做出选择时,他无论如何都不会放弃的职业中至关重要的东西或价值观,实际就是人们选择和发展自己的职业时所围绕的中心。

职业锚可分为八种类型,具体见表 6-2。

表 6-2 施恩八种职业锚类型

| 类型 | 人格特征 |
| --- | --- |
| 职能型 | 追求在技术/职能领域的成长和技能的不断提高,以及应用技术/职能的机会;对自己的认可来自个人的专业水平,喜欢面对来自专业领域的挑战;不喜欢从事一般的管理工作,不愿放弃在技术/职能领域的成就 |
| 管理型 | 追求并致力于工作晋升,倾心于全面管理;可以独自负责一个部分,也可以跨部门整合其他人的努力成果,乐于承担整个部分的责任,并将公司的成功与否看成自己的工作;具体的技术/功能工作仅仅被看作是通向更高、更全面管理层的必经之路 |
| 独立型 | 希望随心所欲安排自己的工作方式和生活方式;追求能施展个人能力的工作环境,最大限度地摆脱组织的限制和制约;宁愿放弃提升或工作扩展机会,也不愿意放弃自由与独立 |
| 稳定型 | 追求工作中的安全与稳定感,包括诚信、忠诚、完成老板交代的工作等,因可以预测将来的成功从而感到放松;关心财务安全,例如:退休金和退休计划;尽管有时可以达到一个高的职位,但并不关心具体的职位和具体的工作内容 |
| 创业型 | 希望用自己的能力去创建属于自己的公司或创建完全属于自己的产品(或服务),且愿意冒风险,并克服面临的障碍;可能正在别人的公司工作,但同时也在学习并评估将来的机会,一旦时机成熟,便会走出去创建自己的事业 |
| 服务型 | 一直追求自己认可的核心价值,如帮助他人,保障人们的安全,通过新的产品消除疾病等;即使变换公司,也不会接受不允许实现这种价值的工作变换或工作提升 |

（续表）

| 类型 | 人格特征 |
|---|---|
| 挑战型 | 喜欢解决看上去无法解决的问题，战胜强大的对手，克服难以克服的困难障碍；新奇、变化和解决困难是终极目标，如果事情非常容易，它马上变得非常令人厌烦 |
| 生活型 | 喜欢能平衡个人、家庭和职业需要的工作环境，希望将生活的各个主要方面整合为一个整体；需要一个能够提供足够的弹性以实现平衡的职业环境，甚至可以牺牲晋升带来的职业转换 |

职业生涯规划实际上是一个持续不断的探索过程。在这一过程中，每个人根据自己的天资、能力、动机、需要、态度和价值观等慢慢形成较为明晰的与职业有关的自我概念，逐渐形成一个占主导地位的职业锚。实际工作中，个人往往会重新审视自我动机、需要、价值观以及能力，进一步明确个人需要与现阶段现实之间的差距，明确自己的擅长所在及发展重点，并且针对符合个人需要和价值观的工作，以及适合个人特质的工作，自觉或不自觉地改善、增强和发展自身才干，达到自我满足和补偿。经过这种整合（也许是多次的选择和比较），个体便能寻找到自己的职业锚。

## 四、职业生涯规划的步骤与方法

### （一）职业生涯规划的步骤

要做好职业生涯规划，就必须按照职业生涯规划的流程，认真做好每个环节。职业生涯规划的实施步骤概括起来主要有以下六个方面。

#### 1. 自我评估

所选择的职业能否成功，一个很重要的因素是选择前对自我的了解程度。要选择适合自己的职业，必须对自己有一个全面、客观和深入的评估。自我评估包括对个人的需求、能力、兴趣、性格、气质等的分析，以此来确定适合自己的职业，自己具备的相应能力，从而认清自己的优势和劣势。

#### 2. 环境评估

每个人都处于一定的社会环境之中，或多或少与各种组织有着这样那样的关联。职业生涯规划也离不开对这些环境因素的了解、分析和评估。所谓环境评估，一是分析和评估自己职业发展的宏观环境及其发展变化趋势，二是分析和评估各种环境因素对自己职业生涯发展的影响。环境评估的主要目的，是通过对环境特点及其发展趋势的分析，评估自己职业生涯发展的机会，包括自己与环境的关系、自己在这个环境中的地位、环境对自己提出的要求以及环境对自己有利的条件与不利的影响等。只有对这些情况充分了解，才能做到在复杂的环境中趋利避害，使自己的职业生涯规划具有实际意义。

### 3. 目标确立

职业生涯目标的确定即职业的选择,包括人生目标、长期目标、中期目标与短期目标的确定,它们分别与人生规划、长期规划、中期规划和短期规划相对应。首先要根据个人专业、性格、气质和价值观以及社会的发展趋势确定自己的人生目标和长期目标,然后再把人生目标和长期目标细化,根据个人的经历和所处的组织环境制定相应的中期目标和短期目标。通过自我评估和对职业生涯发展机会的评估,认识自己、分析环境,在此基础上对自己的职业做出选择。在职业选择时,要充分考虑自身的特点,即自己的性格、兴趣和特长,充分考虑环境因素对自己的影响。分析自我、了解自己,分析环境、了解职业世界,使自己的性格、兴趣、特长与职业相吻合,这一点对即将步入社会初选职业的大学生非常重要。

当前,我国正处于实现中华民族伟大复兴的关键时期。一代人有一代人的际遇,一代青年也有一代青年的使命,新时代为接续伟大梦想,中国青年必须坚定理想信念,担当时代职责,发扬奋斗精神,培育创新意识。只有让青春的力量在时代的洪流中乘风破浪奋勇前行,只有让青春的涌动在历史的浪潮中乘风而起接续而上,只有让青春的创造在复兴的征程中披荆斩棘高歌猛进,才能不断推动中华民族砥砺前行,不断夺取新时代中国特色社会主义的新胜利。

所以,青年大学生必须确立正确的目标,为实现中华民族伟大复兴中国梦而继续奋斗。

### 4. 选择路线

选择路线就是选择职业生涯发展路线,是指一个人在选定职业类型之后,为了实现职业目标和职业理想所选择的路径。每个人都有适合其发展的路径,彼此不尽相同,谁也不能完全复制别人的成功之道。每个人的现实状况与理想目标之间都存在多种可供选择的路径:可以选择不同的行业,选定了行业还可以选择不同的企业,选定了企业还能选择不同的职位起点等。不同的发展路径,可能导致达到目标的时间、达到的目标高度不同。有些路径可能使人迷失其中而丧失目标,有些路径可能过于艰辛而使目标难以顺利实现。一个好的职业生涯发展路线,能够使人顺利地实现目标,最大程度上实现人生价值。

### 5. 制订计划

在选择了职业生涯发展路线后,行动便成了关键环节。如果没可以达成目标的行动,目标就难以实现,更谈不上事业的成功。但要行动,必须有行动的计划和措施。

行动计划和措施一般包括工作、训练、教育等方面的措施。比如在工作方面,你计划采取什么措施,如何提高你的工作效率;在业务素质训练方面,你计划学习哪些知识,掌握哪些技能,如何提高你的业务能力;在潜能开发方面,采取什么措施开发你的潜能等。所有这些方面,都必须要有具体的计划与明确的措施,以便定时检查。

#### 6. 评估与修订

在职业生涯规划制订之后，可根据实际需要在小范围内进行调整，使其更加符合现实情况，从而促使个人职业生涯顺利发展。

职业生涯规划的科学性是基于对被设计者自身及其所处外部环境的科学分析。随着时间的推移，当个体自身条件和外部环境发生改变时，就需要及时修正原先设定的发展路径，甚至调整职业目标。因此，职业生涯规划不是一成不变的，它需要在个体的职业发展过程中不断调整和完善。成功的职业生涯规划需要时时审视内外环境的变化，不断对自己的规划进行评估和修订，并调整自己的前进步伐，这样才能适应社会和环境的发展变化，真正做到与时俱进。

### （二）职业生涯规划的方法

#### 1. "5W"归零思考法

"5W"归零思考法是一种简单易行的职业生涯规划方法，共有5个问题，每个问题都以英文字母"W"开头。

（1）Who am I?（我是谁？）

（2）What will I do?（我想做什么？）

（3）What can I do?（我能做什么？）

（4）What dose the situation allow me to do?（环境支持我做什么？）

（5）What is the plan of my career and life?（我的职业与生活规划是什么？）

回答了上述5个问题，找到它们的共同点，就有了自己的职业生涯规划。

接下来，我们一起来试一下。首先，取出五张白纸、一支铅笔、一块橡皮；然后在每张纸的最上边分别写上以上5个问题；最后，静下心来，排除干扰，按照顺序，独立地仔细思考每一个问题。

对于第一个问题"我是谁？"，回答的要点是：面对自己，真实地写出每一个想到的答案。写完了再想想有无遗漏，再按重要性进行排序。

我是谁？

我的性格：

我的能力：

我的理想：

我的未来：

别人认为的我：

对于第二个问题"我想干什么？"，可将思绪回溯到孩童时代，从人生初次萌生想干什么的念头开始，回忆自己真心向往过的事，并一一记录下来。写完后再想想有无遗漏，再按重要性进行排序。

我想做什么？

我小时候想做的工作：
我中学时想做的工作：
我现在想做的工作：
我父母希望我做的工作：

对于第三个问题"我能做什么？"，这是对自己能力与潜力的全面总结，一个人的职业定位最终还要归结于自己的能力，而职业发展空间的大小则取决于自己的潜力。一个人对自己潜力的了解可从以下几方面入手：对事情的兴趣、做事的韧性、知识结构是否全面等。

我能做什么？
我小时候曾做成的事情：
我中学时曾做成的事情：
我大学时曾做成的事情：
我认为我还能做成的事情：
别人认为我能做成的事情：

对于第四个问题"环境支持我做什么？"，回答则要稍作分析。环境，包括学校、城市、省份，从小到大，只要认为自己有可能借助的环境，都应在考虑范畴之内。在这些环境中，认真想想自己可能获得什么支持，明确后一一写下来，再按重要性进行排列。

环境支持我做什么？
我所在的班级支持我做的事情：
我所在的院系支持我做的事情：
我所在的学校支持我做的事情：
我所在的城市支持我做的事情：

如果能够成功回答第五个问题"我的职业与生活规划是什么？"，我们就有了最后答案。先把前四张纸和第五张纸一字排开，然后认真比较第一至第四张纸上的答案，将内容相同或相近的答案用一条横线连起来。我们会得到几条连线，而不与其他连线相交、且处于最上方的连线，就是我们最应该去做的事情。我们的职业生涯应该以此为方向，并在此方向上以三年为单位，提出近期、中期与远期的目标；再在近期的目标中提出今年的目标；将今年的目标分解为每季度目标、每月目标、每周目标、每天目标。这样，我们每天睡前就可以对照自己的目标进行反省，总结当日成就与失误、经验与教训，修正明天的目标与方法，第二天醒过来后稍加温习就可以投入行动了。这样日积月累，没有不能实现的规划。

2. "三角模式"法

美国伊利诺伊大学的斯威恩（R. Swain）教授为帮助大学生对自己的职业生涯做出良好的规划，提出了职业生涯规划的三角模式。他认为职业生涯目标的决策来自三个方面的依据:"自我""环境"和"教育与职业"。职业生涯规划的过程就是通过价值观、个人兴趣、个人风格的自我评估,结合来自家庭和社会等环境的助力或阻力的分析,再根据在教育和职业的实践、考察中树立起来的榜样,逐渐发展对自己职业生涯的认同,最终建立起自己的职业生涯目标,如图 6-2 所示。

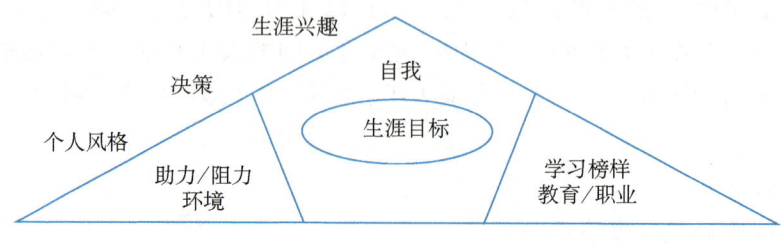

图 6-2 "三角模式"职业生涯规划

### 3. PPDF 法

PPDF 的英文全称是 Personal Performance Development File,即个人职业表现发展档案,也可译成个人职业生涯发展道路。发达国家的很多企业都使用 PPDF 法将自己的员工形成一股合力,提升团队凝聚力,使他们为了自己的单位目标去努力实现自我价值,实现双赢。

PPDF 是两本完整的手册。员工将 PPDF 的所有项目都填好后,交给自己的直接领导一本,员工自己留下一本。员工要告诉领导自己想在什么时间内,以什么方式来达到自己的目标,领导会同员工一起研究,分析其中的每一项,给员工指出哪一个目标设计得太远,应该再近一点儿;哪一个目标设计得太近,可以将它往远处推一推。他也可能告诉员工,在什么时候应该和电大、夜大等业余培训单位联系,他也可能会亲自为员工设计一个更适合于员工的方案。总之,不管怎样,员工将单独地和自己信任的领导一同探讨自己该如何发展、奋斗。

PPDF 主要由以下三方面内容组成。

(1) 个人情况

个人简历:包括个人的生日、出生地、部门、职务、现住址等。

文化教育:初中以上的校名、地点、入学时间、主修专题、课题等。所修课程是否拿到学历证书,在学校负责过何种社会活动等。

学历情况:填入所有的学历、取得的时间、考试时间、课题以及分数等。

曾接受过的培训:曾受过何种与工作有关的培训(如在校、业余还是在职培训)、课题、形式、开始时间等。

工作经历:按顺序填写你以前工作过的单位名称、工种、工作地点等。

有成果的工作经历:写上你认为以前有成绩的工作是哪些,不要写现在的。

以前的行为管理论述:写你对过去工作的评价,以及关于行为管理的事情。

评估小结：对档案里所列的情况进行自我评估。

（2）现在的行为

现时工作情况：应填写你现在的工作岗位、岗位职责等。

现时行为管理文档：写上你现在的行为管理文档记录，可以在这里加一些注释。

现时目标行为计划：设计一个目标，同时列出和此目标有关的专业、经历等。这个目标是有时限的，要考虑到成本、时间、质量和数量等方面。如果有什么问题，可以立刻同你的上级探讨解决。如果你有了现时目标，它是什么？怎样为每一个目标设定具体的期限？此处写出你和上司谈话的主要内容。

（3）未来的发展

职业目标：在今后的 3～5 年里，你准备在单位里晋升到什么位置。

所需要的能力、知识：为了达到你的目标，你认为应该拥有哪些新的技术、技巧、能力和经验等。

发展行动计划：为了获得这些能力、知识，你准备采用哪些方法和实际行动。其中哪一种是最好、最有效的，谁对执行这些行动负责，什么时间能完成。

发展行动日志：此处填写发展行动计划的具体活动安排，以及所选用的培训方法，如听课、自学，以及所需时间、开始的时间、取得的成果等。这不仅仅是为了自己，也是为了了解工作。同时，你还要对照自己的行为和经验，写上你从中学到了什么。

 **拓展阅读**

### 美国惠普公司员工职业发展的自我管理

美国惠普公司是世界知名的大型高科技企业，聚集了大量素质优秀且具有良好技术的人才，他们是惠普最宝贵的财富。惠普能吸引来、保留住和激励这些高级人才，不仅靠丰厚的物质待遇，更重要的是为这些员工提供成长和发展的机会，帮每位员工制订令他们满意的、有针对性的职业发展规划。

惠普开发了一门职业发展自我管理的课程，这门课程主要包含两个环节：先是让参加者用各种信度业绩考验的测试工具及其他手段进行个人特点的自我评估；然后将评估中的发现结合其工作环境，编制出自己的发展路径图。

惠普从哈佛大学获得了六种工具，并应用在这门课程里，以获取参加者的特点资料。这些工具如下。

（1）一份书面的自我访谈记录。给每名参加者发一份提纲，其中有 11 道问题涉及他们自己的情况，要他们提供有关个人生活（有关的人、地、事件）、经历过的转折以及未来设想的材料，并让他们在小组中互相讨论。这篇自传摘要体裁的文本将成为随后自我分析的主要依据材料。

（2）一份"斯特朗·坎贝尔个人兴趣调查问卷"。填完这份包含325个问题的问卷后，就能据此确定参加者对职业、专业领域、交往的人物类型等的喜恶倾向，为每个人与各种不同职业中成功人物的兴趣进行比较并提供依据。

（3）一份"奥尔波特·弗农·林赛价值观问卷"。这份问卷中列有多种相互矛盾的价值观，每个人需做出45种选择，从而测定这些参加者对不同的理论、经济、美学、社会、政治及宗教价值观接受和同意的相对强度。

（4）一篇24小时活动日记。参加者要把一个工作日及一个非工作日的全天活动如实而无遗漏地记录下来，并对照从其他来源获得的同类信息，看它们是否一致。

（5）对另两位"重要人物"（指跟自己关系最亲密、或对自己有较重要意义的人）的访谈记录。每名参加者要对自己的配偶、朋友、亲戚、同事或其他重要人物中的两个人，就自己的情况提出一些问题，看看这些旁观者对自己的看法。这两次访谈过程需要录音。

（6）生活方式描述。每名参加者都要用文字、照片、图像或其他手段，把自己的生活方式描绘一番。

这六项活动的关键之处就在于所用的方法是归纳式的而非演绎式的。活动一开始就让每名参加者总结出有关自己的新资料，而不是从某些一般规律去推导每个人的具体情况。这个过程是从具体到一般，而不是从一般到具体。参加者观察和分析了自己总结出的资料，才能从中认识到一些一般性规律。他们先得把六种活动所获得的资料一样一样地进行研究，分别得出初步结论，再把六种活动所得资料合为一体，进行综合分析研究。

（资料来源：https://docin.com/p-1510357835.html）

### 人工智能时代，如何才能不被取代？

智能时代，机器取代人的工作早已不是什么新鲜事，比如"无人超市""无人驾驶"等，近年又出现了"无人银行"。2018年4月，四大行之一的中国建设银行推出的国内首家无人银行在上海正式开业。走进银行，没有保安，取而代之的是人脸识别和摄像头；没有大堂经理，取而代之的是指引你办理各项业务的机器人；更没有柜员，取而代之的是智能柜员机。仅有少数复杂的任务需要人工，但也只需戴上耳机，远程一对一办理。

麦肯锡的一份报告显示，到2030年，全球有多达8亿人的工作岗位可能被机器人取代，这相当于当今全球劳动力的五分之一。

**思考**：在人工智能时代，如何做到不被取代？

**项目回顾**

1. 职业核心管理素养包含哪些内容?
2. 培养职业核心管理素养的方法有哪些?
3. 运用本项目所学,撰写一份职业生涯规划书。

# 参 考 文 献

［1］吴吉明,王凤英.现代职业素养[M].北京:北京理工大学出版社,2018.
［2］韩富军,贺立萍.现代职业素养[M].北京:北京理工大学出版社,2017.
［3］孙园,王维燕.匠心独具——工匠精神 ABC[M].南昌:江西高校出版社,2019.
［4］李淑玲.工匠精神:敬业兴企,匠心筑梦[M].北京:企业管理出版社,2016.
［5］曹顺妮.工匠精神:开启中国精造时代[M].北京:机械工业出版社,2016.
［6］邵建平,李平.高职院校创新创业教程[M].成都:电子科技大学出版社,2019.
［7］周恢,钟晓红.创新创业教育[M].北京:北京理工大学出版社,2019.
［8］王亚非,梁成刚,胡智强.创新思维与创新方法[M].北京:北京理工大学出版社,2018.
［9］彭扬华,李岚,刘曙荣.创新思维[M].北京:北京出版社,2019.
［10］王延荣.创新与创业管理[M].北京:机械工业出版社,2015.
［11］欧阳康.马克思主义认识论研究[M].北京:北京师范大学出版社,2017.
［12］李兴洲,单从凯.职业核心素养教程[M].北京:北京师范大学出版社,2021.
［13］阳立新.大学生职业生涯规划与就业指导[M].镇江:江苏大学出版社,2013.
［14］伍大勇.大学生职业素养[M].北京:北京理工大学出版社,2011.